1936年广西灵山 6¾ 级地震地表破裂带新发现

1936 NIAN GUANGXI LINGSHAN 6¾ JI DIZHEN
DIBIAO POLIEDAI XIN FAXIAN

李细光　李冰溯　潘黎黎　吴教兵　著

中国地质大学出版社
ZHONGGUO DIZHI DAXUE CHUBANSHE

图书在版编目(CIP)数据

1936年广西灵山 $6\frac{3}{4}$ 级地震地表破裂带新发现/李细光等著. —武汉:中国地质大学出版社,2022.9
ISBN 978-7-5625-5297-0

Ⅰ.①1… Ⅱ.①李… Ⅲ.①断裂带-研究-灵山县-1936 Ⅳ.①P548.267.4

中国版本图书馆 CIP 数据核字(2022)第 141033 号

1936年广西灵山 $6\frac{3}{4}$ 级地震地表破裂带新发现	李细光 李冰溯 潘黎黎 吴教兵 著
责任编辑:周 豪	选题策划:周 豪 张 健 责任校对:何澍语
出版发行:中国地质大学出版社(武汉市洪山区鲁磨路388号)	邮政编码:430074
电 话:(027)67883511 传 真:(027)67883580	E-mail:cbb@cug.edu.cn
经 销:全国新华书店	http://cugp.cug.edu.cn
开本:787毫米×1092毫米 1/16	字数:314千字 印张:12.25
版次:2022年9月第1版	印次:2022年9月第1次印刷
印刷:武汉中远印务有限公司	
ISBN 978-7-5625-5297-0	定价:78.00元

如有印装质量问题请与印刷厂联系调换

目 录

绪 言 ……………………………………………………………………………… (1)

第一章 灵山历史地震宏观调查 ………………………………………………… (5)
  第一节 灾区简况 ………………………………………………………………… (5)
  第二节 震 情 …………………………………………………………………… (6)
  第三节 灾 情 …………………………………………………………………… (11)
  第四节 历史地震宏观调查 ……………………………………………………… (17)

第二章 区域地震构造环境概述 ………………………………………………… (23)
  第一节 区域大地构造环境 ……………………………………………………… (23)
  第二节 区域地貌与新构造 ……………………………………………………… (25)
  第三节 区域活动断裂 …………………………………………………………… (29)
  第四节 区域地震活动 …………………………………………………………… (40)
  第五节 区域构造应力场 ………………………………………………………… (50)

第三章 震中区主要断裂活动性分析 …………………………………………… (56)
  第一节 地质构造特征 …………………………………………………………… (56)
  第二节 主要断裂活动性分析 …………………………………………………… (68)
  第三节 本章小结 ………………………………………………………………… (103)

第四章 活动断层勘查研究 ……………………………………………………… (104)
  第一节 地震地质调查 …………………………………………………………… (105)
  第二节 探槽开挖 ………………………………………………………………… (107)
  第三节 晚更新世以来的地质特征 ……………………………………………… (119)
  第四节 晚更新世以来的地貌特征 ……………………………………………… (120)
  第五节 晚更新世以来运动速率分析 …………………………………………… (122)
  第六节 本章小结 ………………………………………………………………… (124)

第五章 地震地表破裂带调查研究 …………………………………………………… (125)
- 第一节 前人地表裂缝调查 …………………………………………………… (125)
- 第二节 地震地表破裂带新发现 ……………………………………………… (125)
- 第三节 本章小结 ……………………………………………………………… (137)

第六章 古地震事件研究 ………………………………………………………… (138)
- 第一节 古地震识别标志 ……………………………………………………… (138)
- 第二节 古地震研究方法 ……………………………………………………… (139)
- 第三节 灵山震区古地震探槽及样品 ………………………………………… (140)
- 第四节 地震事件分析 ………………………………………………………… (141)
- 第五节 古地震强度和重复间隔 ……………………………………………… (142)
- 第六节 本章小结 ……………………………………………………………… (144)

第七章 发震构造判定 …………………………………………………………… (145)
- 第一节 震中位置 ……………………………………………………………… (145)
- 第二节 震级大小 ……………………………………………………………… (147)
- 第三节 震中烈度 ……………………………………………………………… (148)
- 第四节 发震构造判定 ………………………………………………………… (151)

第八章 深浅构造耦合作用及地球动力学研究 ………………………………… (153)
- 第一节 灵山正花状构造研究 ………………………………………………… (154)
- 第二节 灵山逆冲推覆构造研究 ……………………………………………… (161)
- 第三节 灵山伸展构造研究 …………………………………………………… (168)
- 第四节 灵山震区三维地质模型与构造演化序列 …………………………… (174)
- 第五节 本章小结 ……………………………………………………………… (183)

结 语 ……………………………………………………………………………… (184)

主要参考文献 …………………………………………………………………… (186)

绪　言

地震地表破裂带是震源断层错动在地表产生破裂和形变的总称，主要由地震断层、地震陡坎、地震鼓包、地震裂缝、地震凹陷、地震沟槽等组成，一般6.5级以上地震容易产生地震地表破裂(Bonilla et al.，1988；Coppersmith et al.，2000；Wells et al.，1994)。前人对发生于国外(Yeats et al.，1997)及中国西部强震构造区7级以上地震(邓起东等,1992)的地表破裂研究较多，如杨章等(1980)、徐锡伟等(2012)诸多学者对1931年富蕴地震地表破裂带长度、地表破裂组合特征、尾端次生构造样式、同震位移分布和最大右旋走滑位移、地表破裂宽度等做了初步研究；徐锡伟等(2002)、李海兵等(2004)、单新建等(2005)对2001年昆仑山8.1级地震的地表破裂带基本特征、遥感影像特征及同震位移特征等做了相关研究；徐锡伟等(2011)、沈军等(2013)、冀战波等(2014)、李海兵等(2014)对2008年和2014年新疆于田7.3级地震的地表破裂带做了详细的报道和研究；徐锡伟等(2008)、李海兵等(2008)、周荣军等(2008)、马保起等(2008)对2008年四川汶川8.0级地震产生的同震地表破裂带长度、地表破裂组合特征以及同震位错和地球动力学机制等做了详细研究；孙鑫喆等(2010)、石峰等(2010)、张军龙等(2010)、陈立春等(2010)对2010年青海玉树7.1级地震的地表破裂带进行了全方位研究。而华南地区属于中强地震构造区(任镇寰等,1996)，由于强震较少，雨水作用及人类工程改造活动，很难保存地震地表破裂遗迹，仅有的几次6级以上地震，如1631年湖南常德6¾级地震(董瑞树等,2009)、1969年广东阳江6.4级地震(钟贻军等,2003)等，目前未有地震地表破裂的相关报道。

1936年4月1日在广西灵山县平山镇东南罗阳山附近发生了6¾级地震，这是有记载以来在华南陆地发生的最大地震，国内许多学者(陈国达,1938；陈恩明等,1984；李伟琦,1992；任镇寰等,1996)对本次地震进行过考察和研究。

关于1936年灵山6¾级地震的研究始于陈国达院士，他通过对震区地表破坏、房屋破坏，极震区房屋破坏及同震运动方向等的调查，认为极震区及发震断层呈北东向展布于罗阳山西北坡及山麓的高塘、鸦山岭、六俄、夏塘和山鸡麓一带(陈国达,1939)。1970年后，地震系统内外的一些单位，按照自身的任务，对该地震再度进行调查和研究。陈恩民和黄咏茵(1984)、李伟琦(1992)、任镇寰等(1996)重新修正了极震区烈度分布，增加了北北西向的极震区长轴，认为北东东向断裂为发震构造，北北西向断裂参与共轭破裂。对于灵山地区与灵山6¾级地震发震构造密切相关的断裂构造系统，不同研究者从不同范围以不同方法进行了研究：北东向的钦州-灵山断裂带自新构造运动以来表现为压性或压扭性，以黏滑为主，且不同时期断裂、不同区段的活动性不同(黄玉昆等,1992；张虎男等,1991)；北西向的六吉-蕉根坪断裂左旋错断山脊线与沟谷，最大错断位移达295m(潘建雄等,1995)；罗阳山西北麓北东东向断裂是灵山地区最活跃的断裂,其次是北西向的蕉根坪断裂(黄河生等,1990);灵山断裂右旋错移水系,错断中更新世晚期地层(周本刚等,2008);罗阳山西北麓山前冲沟具右旋活动表现,泗洲断裂内部破裂面的倾向以南西向为优势方向,并具顺时针旋转和高倾角特征(张沛全等,2012);何军等(2012)基于浅层地震和地质雷达等物探手段,推断灵山断裂错动了晚更新世洪积扇阶地,流经断裂的地表水系变为地下潜流或右旋偏转,石塘断裂带部分断层自晚更新世以来具有活动性;唐永等(2015)采用构造解析分析方法,认为灵山地区现今主压应力方向为近南北向,运用有限元数值模拟手段,推断罗阳山、丰塘、铁岭、陆屋以北区域是应力集中程度较高的区域。以上研究表明震区北东—北东东向的灵山断裂、北西向的友僚-蕉根坪断裂、北北西向的泗洲断裂具有较强的活动性或有晚更新世以来的活动表现,这些断裂对于震区构造应力场具有较强的控制作用,应力集中而未得到释放的部位易发震。

关于灵山地震的地震参数及发震构造,前人也多从极震区烈度分布或断裂活动性来探讨,而从地震地表破裂带空间展布及位移数据出发探讨此次地震的参数及发震构造则较少涉及。之前对于该地震的微观震中、宏观震中、震级大小等地震参数及发震构造都存在不确定性甚至是不同的认识(国家地震局全国地震烈度区划编图组,1979;陈恩民和黄咏茵,1984;黄河生等,1990;李伟琦,1992;潘建雄和黄日恒,1995;任镇寰等,1996;周本刚等,2008;张沛全和李冰溯,2012)。通过研究古地震地表破裂带来讨论无仪器地震记录的历史地震的震中、震级、烈度等地震参数和发震构造已经在我国西部历史地震遗迹保留较好的地区有较多报道(李文巧等,2011;聂宗笙等,2010),但在华南中强地震构造区陆域部分由于地震与构造活动强度较弱、气候湿热和地表人工改造较多等,难以保留历史地震所产生的地震地表破裂带等地震遗迹,所以对于该地区缺乏仪器地震记录的历史中强地震的地震参数,多通过调查震区建筑物或地表破坏程度等所圈定的等震线图来间接地获取,存在一定的不确定性。

总体上看,前人对于灵山地震的研究多聚焦于烈度分布和断裂活动性及发震构造判定等几个方面,而对于地震地表破裂带的研究多集中于地裂缝、崩塌、陷落等地表破坏现象的调查(陈国达,1939;任镇寰等,1996)。陈国达等于1936年5月初前往灾区进行了实地调查,认为极震区形状极端狭长(陈国达,1938),地裂缝主要为呈北东向展布于根竹水—六俄一线的峭壁裂缝,以及沿罗阳山前平山—六俄一带发育的山麓裂缝;任镇寰等(1996)认为极震区存在两个地裂缝带,整体呈北东向展布于平山—尖山一带的沙梨江(钦江上游)地裂缝带及呈北北西向展布于泗洲—根竹水一带的泗洲地裂缝带。

前人的研究大致确定了极震区的范围,简单描述了地震地表破裂的类型等特征,但对于进一步认识灵山 6¾ 级地震地表破裂带特征和发震构造还远远不够,主要的不足在于:①未能找到确切的地震地表破裂带和同震变形的地貌特征,仅记录了地裂缝等一些地震次生灾害现象;②没有准确记录和描述地震地表破裂带的几何结构、破裂长度和位错量(水平、垂直),很难进一步研究震级大小、极震区范围和发震构造等问题。

对于灵山震区发震构造问题的研究,本研究没有采用前人通过查找活动断层来寻找错断晚更新世地质地貌证据进而判定发震构造的方法,而是另辟蹊径,在震中区先寻找地震地表破裂,终于获得了成功。本次工作技术路径如下:①充分挖掘分析前人宏观地震调查资料

(陈国达,1939;任镇寰等,1996),大致圈定震中区范围;②重新走访震中区村屯80岁以上老人,寻找地震陡坎、地震裂缝、地震滑坡等地震地表破裂迹象,经过3个多月的工作,终于在夏塘水库东300m处第一次找到了灵山地震引起的滑坡,并进而在该滑坡点对面、谷地南坡的原始森林边缘首次找到了保存完好的1936年灵山6¾级地震引起的地震地表破裂带;③采用走向追索方法,并结合遥感影像解译、地震地质调查、地质地貌填图、地球物理勘探、槽探、微地貌测量等方法和手段,进一步厘定灵山地震地表破裂带的空间展布、位错特征(水平、垂直)、古地震和复发周期等。本次在广西灵山县东高塘—夏塘—六蒙、蕉根坪—合口等地新发现地震地表破裂带遗迹,它较好地记录了灵山6¾级地震活动,且与陈国达(1939)和任镇寰等(1996)报道的地裂缝带的分布范围和展布位置不同,发现北东东向的地表破裂带(李细光等,2017)位于陈国达(1938)、任镇寰等(1996)所绘制的烈度圈Ⅸ度区内,其走向与烈度圈长轴方向基本一致。至于任镇寰等(1996)提到的北北西向泗洲地裂缝带,笔者经过详细的野外地质地貌调查,没有发现北北西向断裂晚更新世以来活动的地质地貌证据,也未能找到北北西向地表破裂带。

本次在防城-灵山断裂带北东段寨圩断裂高塘—夏塘—六蒙、蕉根坪—合口等地新发现至今依然保留完好的地震地表破裂带,这在华南中强震构造区尚属首次。灵山地震研究取得的突破性进展主要表现在以下5个方面。

(1)首次发现灵山1936年6¾级地震地表破裂带,使得华南地表破裂带研究取得了突破性的进展。该地震地表破裂带沿罗阳山北麓山前灵山断裂北段发育,分东、西两支,走向北东55°~60°,平面上呈斜列式展布,全长约12.5km。最大水平位移量和垂直位移量分别为2.9m、1.02m。地表破裂类型主要有地震断层、地震陡坎、地震裂缝、地震崩积楔、地震滑坡、砂土液化等。地表破裂特征及断错地貌情况显示出该地震地表破裂性质为右旋走滑兼正断。

(2)确定了灵山断裂北段为全新世活动断裂,这在华南大陆上属于首次发现,该断裂最新活动表现为右旋走滑兼正断的运动性质,右旋位移量大于垂直位移量,并计算出该断裂晚更新世(约17 000a)以来水平位移速率为1.27~1.54mm/a,垂直位移速率为0.53~0.65mm/a;全新世约2360a以来水平位移速率为1.21~1.63mm/a,垂直位移速率为0.53mm/a。

(3)确定了1936年广西灵山6¾级地震所处的灵山断裂北段从距今40 000a以来至少发生过4次较强地震事件,其中3次为古地震事件,1次为历史地震事件(即1936年6¾级地震),各地震事件标志较为清晰,分别发生在距今>36 300a、约25 000a、约13 090a、80a,并利用古地震法估算了断裂的复发间隔为12 073a,填补了华南古地震研究的空白。

(4)新发现灵山震区存在三大套构造,即正花状构造、逆冲推覆构造、伸展滑覆构造,确立了钦州-灵山造山带为板内造山带,建立了该区域的地球动力学模型及构造演化序列。

(5)综合历史地震参数重新测定地震地表破裂研究成果,并结合地震宏观调查资料,判定1936年广西灵山6¾级地震的发震构造为罗阳山西北麓北东—北东东走向的灵山断裂,而北西向友僚-蕉根坪断裂为控震构造。

本书是对"广西历史强震区发震构造探测研究——以灵山震区为例"项目地震地质研究成果和项目组成员近年来发表的文章的总结,全面系统地介绍了1936年广西灵山6¾级地震地表破裂带的主要研究成果,为后人研究提供参考。全书包括绪言、第一章至第八章和结语,其中绪言、第二章、第三章、第四章和结语由李细光编写,第一章和第七章由李冰溯编写,第五章和第六章由潘黎黎、吴教兵编写,第八章由汪劲草和李帅编写,全书由李细光修改统稿,由潘黎黎、李冰溯和李帅清绘插图。各章具体内容简介如下。

第一章灵山历史地震宏观调查,主要介绍灵山震区灾区简况、震情、灾情、历史地震宏观调查等。

第二章区域地震构造环境概述,主要介绍区域大地构造环境、区域地貌与新构造、区域活动断裂、区域地震活动、区域构造应力场等。

第三章震中区主要断裂活动性分析,主要介绍震中区附近的地质构造特征和主要断裂的活动性。

第四章活动断层勘查研究,主要介绍灵山断裂北段(佛子—寨圩段)的活动特征和最新活动时代,重点分析了该断裂段晚更新世以来的运动速率(水平和垂直)以及地质、地貌特征。

第五章地震地表破裂带调查研究,概述前人地表裂缝调查成果,重点叙述本次地震新发现地表破裂带情况、破裂类型、水平位移和垂直位移以及与国内同等级地震地表破裂带对比分析等。

第六章古地震事件研究,主要介绍灵山震区如何开展古地震研究、古地震探槽描述、古地震探槽分析、古地震事件综合分析(强度、复发间隔)等。

第七章发震构造判定,主要是通过前人宏观地震烈度调查成果和震中位置重新定位研究,并结合震中区地震地质调查成果和地震地表破裂研究成果综合判定。

第八章深浅构造耦合作用及地球动力学研究,主要内容包括灵山正花状构造研究、灵山逆冲推覆构造研究、灵山伸展构造研究、灵山震区三维地质模型与构造演化序列研究等。

参加灵山震区地震地质和地表破裂调查研究工作的广西壮族自治区地震局及技术协作单位的主要科研人员有李细光、李冰溯、吴教兵、聂冠军、周斌、李航、张忠利、张黎、梁结、赵修敏、李海、王林、何兴敦(广西壮族自治区地震局),潘黎黎、陆俊宏、韦王秋、蒙南忠、黎峻良、刘华贵、杨维、高鹏飞、李娇媚(原广西工程防震研究院),汪劲草、李帅、程志平、陈磊(桂林理工大学)。在项目执行期间,得到了广西壮族自治区人民政府、中国地震局、广西壮族自治区财政厅、广西壮族自治区科技厅、广西壮族自治区地震局、钦州市地震局、灵山县人民政府、平山镇人民政府、灵山县地震局等各级部门和领导的大力支持;在项目实施过程中,多次得到了徐锡伟、冉勇康、杨晓平、田勤俭、何正勤、陈正位、刘保金、陆济璞、李伟琦、黎益仕、张黎明、冷崴等专家在遥感影像解译、断裂活动性鉴定、物探布线、探槽选址、探槽编录解译、年龄样品采集等多方面悉心细致的指导和帮助,这些支持和指导对于笔者来说极为宝贵,在此对各位专家们的指导和帮助表示衷心的感谢!

第一章　灵山历史地震宏观调查

1936年4月1日上午9时31分,在灵山县(震时属广东省)平山圩东罗阳山发生一次6¾级强烈地震。顷刻间,"山崩地裂,泥泻石移;沙喷地陷,水涌泉飞;室倒屋塌,畜死人亡","老少呼号,妇孺啼泣","昔日秀丽村庄,瞬间即成为瓦砾之场"。地震有感范围最大可达400余千米,是华南沿海地震带内陆地区自有地震记载以来发生的最大地震。

地震发生后,原两广地质调查所的陈国达、蒋溶受单位委派,一方面亲临震区现场进行实地考察,另一方面寄调查表到我国的粤、桂、湘、闽、滇、黔以及越南的一些县、市、镇进行通信调查。调查结束后,陈国达编写了综合性调查研究报告《广东灵山地震志》,对地震发生的原因、地震烈度分布及影响烈度的因素、地震灾情和地表变形、前震和余震的发生情况、地震发生的历史背景等做了全面、系统、深入的研究和论述,是一部不可多得的地震调查研究报告,为后人了解和研究该地震提供了宝贵和丰富的资料。地震发生后,灵山县成立了救灾机构——灵山县各界筹赈地震灾区难民委员会,专门负责救灾事宜。救灾结束后,该机构刊印了《灵山县各界筹赈灾民委员会工作报告》,该报告如实地反映了地震灾情、善后处理过程和赈灾情况。

第一节　灾区简况

灵山6¾级地震(以下称灵山地震)高烈度区(Ⅷ、Ⅸ度区)是此次地震的重灾区。地貌上属低山丘陵,夹一些山间河谷小盆地。震时交通不便,为穷乡僻壤之地,无工业,农业也不发达。

灾区房屋建筑按其墙体材料划分主要有夯土墙、土坯墙、毛石墙、卵石墙和砖墙。夯土墙中,除炮楼和极少数房屋为三合土(灰砂)夯实而成外,其余为普通夯土墙。可作为Ⅲ类房屋的砖墙房和三合土墙房屋在灾区极少,仅占房屋总数的3%左右。95%左右的房屋属Ⅱ类房屋,其中又以土坯墙和卵石墙为主,抗震性能极差(图1.1~图1.4)。大塆、高塘、灵家、六俄、蕉根坪、泗洲、根竹水等地房屋坐落在洪积台地上,地基对抗震不利。

灾区为亚热带气候,4月已是春末夏初,气温回暖,对灾民防寒有利。但气候炎热、潮湿,给灾后预防疾病留下隐患。

图 1.1 六俄村砖墙房屋倒塌情形

图 1.2 六俄村土坯墙房屋倒塌情形

图 1.3 高塘村毛石墙房屋倒塌情形

图 1.4 高塘村砖砌碉堡上部三分之一被震向西倾落,墙角向东南凸出,并向右旋转

第二节 震 情

一、前震

据《广东灵山地震志》,灵山地震震中一带,震前数年常有微震发生。1936年4月1日大震前,发生两次有感地震,一次在上午6时许,一次在上午7时。后一次较大,震中烈度在Ⅴ度左右,有感面积约2000km^2,等烈度线长轴走向为北东向(图1.5)。按有感直径计算,震级约4级。

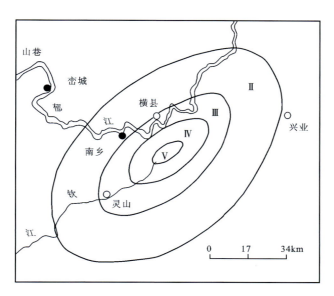

图 1.5 1936 年 4 月 1 日上午 7 时前震等烈度线图(据陈国达,1939)

二、主震

1. 基本参数

灵山地震基本参数见表 1.1。

表 1.1 灵山地震基本参数表

发震时间						震级	宏观震中位置			震中烈度	震源深度/km
年	月	日	时	分	秒		东经	北纬	参考地名		
1936	4	1	9	31	00	6¾	109°27.0′	22°30.3′	罗阳山	Ⅸ度	7

2. 震源机制解

由于没有获得地震观测资料,故不能按 P 波初动求得震源机制解,只能按宏观资料得之,其结果见表 1.2。

3. 地震烈度分布

陈国达先生通过调查,按梅卡里烈度表评定的标准,作出的地震等烈度线图如图 1.6 所示。梅卡里烈度表将烈度划分 10 个等级,最高烈度为 Ⅹ度。

表1.2 灵山地震震源机制解结果表(据林纪曾,1980)

节面A			节面B			P轴		T轴		N轴	
走向	倾向	倾角	走向	倾向	倾角	方位	仰角	方位	仰角	方位	仰角
290°	SW	65°	19°	SE	86°	151°	19°	247°	15°	12°	64°

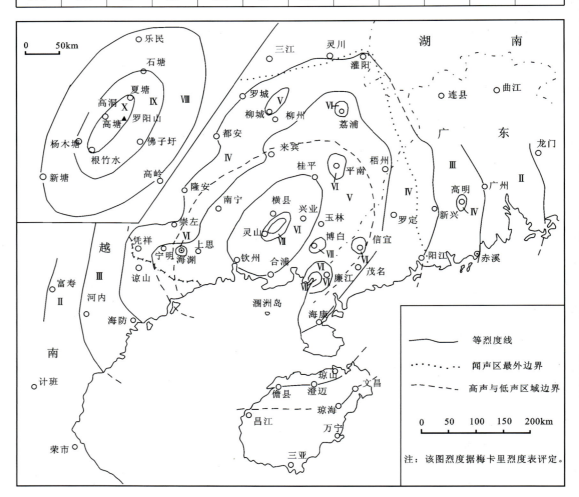

图1.6 1936年灵山6¾级地震等烈度线图(据陈国达,1939)

三、余震

据《广东灵山地震志》(陈国达,1939),大震发生之日,余震密集发生,之后10日之内每日仍达数十次。余震次数虽多,但有明确时间记录者甚少。有较明确时间记载者半年之内共177次。就177次余震而言,半年之内,随着时间的推移,余震频度逐渐降低(图1.7),强度也逐渐减弱(图1.8)。3次震中烈度达Ⅵ度的余震均发生在4月,它们分别发生在4月9日20时20分、12日19时和26日19时30分。

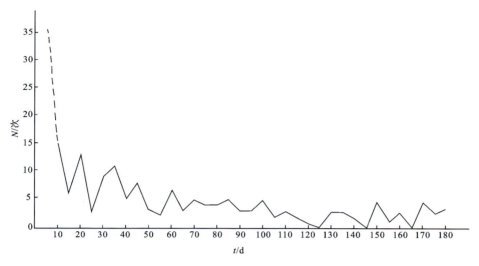

图 1.7　灵山地震余震频度-时间（N-t）关系图

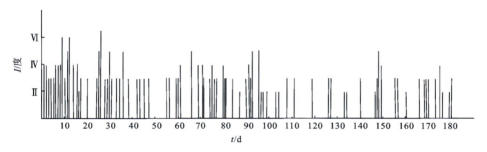

图 1.8　灵山地震余震烈度-时间（I-t）关系图

4月9日和4月12日的余震，强度基本相同，被主震震裂的房屋有的被毁坏，震中烈度达Ⅵ度，有感面积约2万 km^2。等烈度线长轴方向呈北东向（图1.9），按有感半径计算，震级达4.5级。

4月26日的余震，震中区人震感强烈，惊逃户外。少数主震时已受损的房屋此时倒塌，有的破坏加重。震中烈度Ⅵ度强，有感面积约4万 km^2。等烈度线长轴走向为北东向（图1.10），按有感半径计算，震级达5级。

四、震前地震活动背景

灵山地震的发生，与较大范围的地震活动形势有关。它是在华南沿海地震带本活动期地震活动高潮发生的（图1.11）。不过在震前20a，即1916—1936年，在震中100km范围内地震活动相当平静，仅发生有感地震5次，最大震级为4.0级（表1.3）。

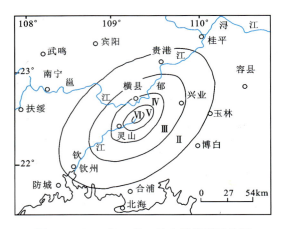

图1.9 1936年4月9日余震等烈度线图
（据陈国达,1939）

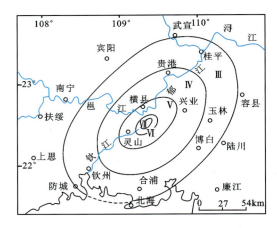

图1.10 1936年4月26日余震等烈度线图
（据陈国达,1939）

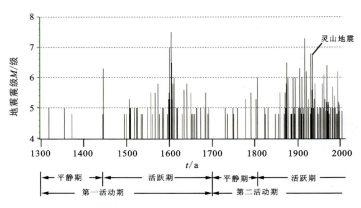

图1.11 华南沿海地震带 $M-t$ 图

表1.3 灵山地震震中100km范围内地震目录(1916—1936年)

发震时间			震中位置			震级 M/级
年	月	日	北纬	东经	地点	
1916	—	—	23°06′	109°36′	贵港	3.0
1917	11	16	23°06′	109°06′	贵港	3.0
1919	5—6	—	22°18′	108°36′	钦州	4.0
1929	—	—	23°12′	109°36′	贵港	3.5
1935	6—8	—	22°30′	109°24′	灵山	3.5

注："—"表示时间不明。

第三节 灾 情

灵山地震给当地人民群众的生命财产造成了重大损失。据统计,此次地震共造成5870间房屋倒塌,严重破坏、不堪居住的房屋大于1000间,破坏尚可经修复的房屋大于1860间。地震造成101人死亡,263人受伤。其中灵山县房屋倒塌5180余间,严重破坏1082间,破坏1860间,死亡65人,伤187人。房屋破坏造成的损失值银币约60万元,粮食、家具、牲畜等损失值银币约40万元。据赈灾工作报告,灵山县受灾情况见表1.4。浦北县房屋倒塌679间,死亡34人,受伤76人。横县倒塌房屋1间,死亡1人。博白县倒塌房屋数间,死亡1人。广东廉江县倒塌房屋6间。

极震区灾情最严重,其受灾情况见表1.5。

表 1.4 1936年灵山 6¾ 级地震灾情调查统计简表

区乡村名		伤亡人数		房屋破坏情况		
		死亡/人	受伤/人	倒塌/间	严重破坏/间	损失值/元
第二区 永凝东中一乡	尖山村			8	23	1250
	山鸡麓		2	17	11	2150
	官田村			11	13	860
	六俄村	1	14	121		9600
	福田村		1	112	8	9470
	蓬蔽麓		1	17		1240
	夏塘村			35	11	7850
	灵家村	1	5	458	69	108 050
	校椅麓		15	195	7	18 050
	军营垌			8		400
	高垌村			34		4380
第二区 永凝东中二乡	山村			112		8150
	新庄村	1	8	315		31 330
	平山圩	3	10	121	50	20 820
	高塘村	6	27	1183		139 840
	鸦山岭		1	17		1690
	岭儿头		1	11		1090

续表 1.4

区乡村名		伤亡人数		房屋破坏情况		
		死亡/人	受伤/人	倒塌/间	严重破坏/间	损失值/元
第二区 永凝东中二乡	马鹿村			85		55 300
	王宁村			53		3510
第二区 永凝东中三乡	大垯村			89		9200
第二区 永凝南一乡	白沙村		6	17		1740
	沙塘			19		1790
	葛麻麓		1	106		10 340
	龙湾村	3	3	31		3100
	泗洲村	2	7	205		18 960
	滑木垌	1		86		8350
	山珠秀	2	6	89		11 690
	牛柑坪	2	1	14		1400
第二区 永凝南二乡	平塘村			5		120
	茂珠村	1		10		760
	旱垌村			14		1360
	坪塘村			10		1100
	鸦鹊塘			10		990
	大路排			42		4290
第二区 永凝西北一乡	插花村			14		1400
	同古村	1		14		1135
	思林村			12		1175
	茅针村			30		2215
	竹围村			17		470
	大井坪			18		1365
第二区 永凝北二乡	南茶村			13		1300
第二区 永凝北三乡	贾村		1	6	7	1410
第二区 维良乡	把梗村			3		300
	牛寮村	1		5		450

续表 1.4

区乡村名		伤亡人数		房屋破坏情况		
		死亡/人	受伤/人	倒塌/间	严重破坏/间	损失值/元
第二区 永吉乡	大芦村			75	246	16 700
	大化村			1	93	965
	大岭村			1	2	110
	睦象村		1	17	19	1600
	罗古村			2	12	3260
	清湖塘			4	7	420
	辣了村		1	17	107	2045
	塘排村			8	70	550
第三区 三圣一乡	吉安塘村					4000
	雷狄塘村			2	22	45
	午睡岭村			2		390
	潭等村		1	19		570
	鸭子寮村			13		390
	马肚塘村			4		170
	红圳塘村			3		90
	杨梅塘村			1		30
第三区 三圣二乡	桂山肚村			4		120
	藤梨塘村			4		120
第三区 新化乡	那凌村			5		150
	腾塘坭村			1		30
	走马坪	1	1	7		220
	鳝塘轭村	6	9	49		1470
	八字水村			4		120
	大水口村			4		120
	象山口村	1		16		480
	根竹水村	10	16	202		2244
	罂儿塘村			13		390
	鸭儿塘村		1	18		540
	大村			11	12	510
	新村	2		4		120

续表1.4

区乡村名		伤亡人数		房屋破坏情况		
		死亡/人	受伤/人	倒塌/间	严重破坏/间	损失值/元
第三区 新化乡	大张垌村		1	14		420
	南昌垌村		1	34		1170
	龙安堂村			1		30
	新桥村		1	5		150
	龙虎头村			11		330
	元眼山村		2	44	2	1320
	木麻村			4		120
	高架岭村		2	18		540
	佛子簏村		2	7		210
	芋蒙塘村		2	6		180
	红坭水村			4		120
	白松坪村		4	19		570
	簪脚村		2	121		5235
	高架村	1	1	32		960
	五练塘村			46		1380
	竹沙坪村			55		1650
	茶根簏村			8		240
第九区 镇安一乡	马鹿村			9		760
	江儿村			27	2	2370
	新园村	1	2	46		3180
	大龙山		1	6		520
	蕉根坪		3	119		8620
	白坟簏			6		300
	友栏塘			51		4180
	六吉村			97		7472
	苏村			2		160
第九区 中秀四乡	马头肚			5		575
	俄境村			6		675
	兆庄村			2		220
	石塘圩			2		450
总计		47	164	5110	793	593 516

注:①本表依据是灵山县各界筹赈地震灾区难民委员会工作报告的灾情调查统计表;②表中总计的数据是震后不久调查的数据,文中叙述的数据是最后调查核实的数据;③表中所列损失值为广东银币(单位:元)。

表1.5 极震区灾情统计表

房屋破坏状况						人员伤亡状况			
倒塌		严重破坏		破坏		死亡		受伤	
间数/间	占百分比/%	间数/间	占百分比/%	间数/间	占百分比/%	人数/人	占百分比/%	人数/人	占百分比/%
3556	60.6	231	23.1	1219	65.5	45	44.6	126	47.9

从表1.5中可以看出，极震区内，房屋破坏和人员伤亡的数量在此次地震灾害中所占比例相当大，是重灾区。极震区内的村庄，大部分房屋倒塌率在50%以上，其中六俄、福田、校椅麓、根竹水、泗洲等房屋倒塌率为97%～100%，岭儿头、高塘、灵家房屋倒塌率为72%～80%。灾情十分严重（图1.12～图1.20）。灾后灾民只能搭盖低矮的篱笆茅棚暂作栖身之处。

图1.12 六俄村房屋全部倒塌情形

图1.13 高塘村房屋破坏情形

图1.14 卵石墙房屋倒塌情形

图1.15 元眼山村灰砂墙上的垂直震缝

图 1.16 高塘村一灰砂院墙震时向东南倒塌

图 1.17 官田村一房屋面向西南的墙开斜裂缝，面向西北的墙倾斜

图 1.18 平山圩房屋倒塌情形（左）和校椅麓村房屋倒塌情形（右）

图 1.19 平山圩一高楼震后仅余危墙一角

图 1.20 根竹水村房屋全部倒塌

第四节 历史地震宏观调查

灵山地震形成的地质效应,使地表变形破坏,造成了地震地表变形破裂、地裂缝、砂土液化、山崩、滑坡、地表水变化等种类多样的地震地质灾害。

一、地表变形破坏

地震时,由于地震作用形成的地质效应,地裂、地陷、山石崩落、巨石变动、土体坍塌、地下水和地表水变化等现象频繁发生(图1.21)。

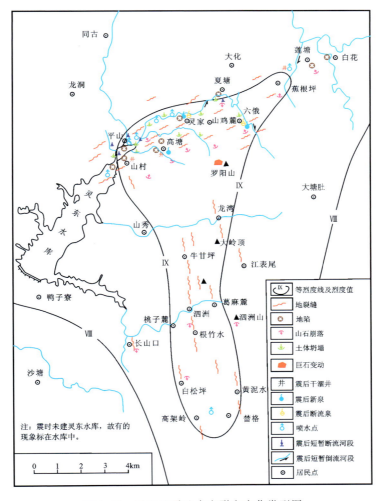

图1.21 灵山地震地表变形和变化类型图

二、地裂缝

地震时,在极震区产生许多地表裂缝。单条地裂缝形状不规则,长数米至300m不等,个别达500m。单条地裂缝宽0.1~1m,个别达1.5m。无数近于平行而离合不定的小裂缝又组成地裂缝带(图1.22、图1.23)。

图1.22　泗洲山西北白坟岭上地裂缝　　　　图1.23　鸦山岭地裂缝

地裂缝多数发生在土层中,亦有发生在基岩中。发生在山坡的切割至基岩的裂缝大雨后发生崩塌,大量崩落的石块掩埋其下的农田,造成灾害。地裂缝大致可以分为3个密集带。

(1)沙梨江地裂缝带:展布于平山—尖山一带,沿沙梨江两侧及河床冲积层发育,总体走向75°左右,长约6km,宽500~1000m。

(2)罗阳山西北坡地裂缝带:沿罗阳山西北坡发育,高塘、校椅麓、山鸡麓、福田、夏塘、蕉根坪等地南部山丘山坡上均有地裂缝发育(图1.24)。总体走向70°左右,断续出露全长约12km。

(3)泗洲-牛甘坪地裂缝带:分布在牛甘坪、泗洲、根竹水一带,总体走向350°左右,长约10km。

三、地陷

地震造成地陷30余处,分布在Ⅷ度区至Ⅸ度区的灵山县城附近,牛杞塘、那凌、平山、高塘、灵家、夏塘、莲塘、白花等地。地陷形成的小潭多近于圆形,直径不超过20m,面积几平方米至几十平方米。深2～7m不等,最深可达20m左右(图1.25、图1.26)。

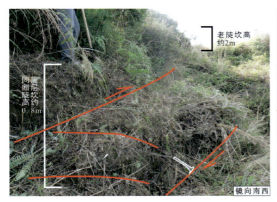 

图1.24　罗阳山西北坡地裂缝带(左图位于校椅麓南东,右图位于夏塘东)

图1.25　杨木塘附近河滩地陷　　　　　　图1.26　凌家村西地陷

四、山石崩落与滑坡

地震时,在鸦山岭、泗洲山、罗阳山等陡坡有山石崩落发生,在其下的谷地见有崩落的碎石块(图1.27、图1.28)。沿地震地表破裂带可见多处地震滑坡,其中规模较大的位于夏塘东及校椅麓。夏塘东滑坡位于夏塘地震地表破裂带南西端尾部山体边部,夏塘地震地表破裂带在此处终止并转换为同震滑坡形式释放地震能量。校椅麓地震滑坡为上部地震断层活动所诱发,在重力作用下形成多个次级滑坡面。在夏塘东线状谷地北侧可见总体走向20°～30°的滑坡体(图1.29),由一系列阶梯状陡坎组成,每个陡坎错距为40～90cm不等,单条裂缝宽约15cm,深约15cm,向北山顶方向渐变为近东西向环形陡坎。在泗洲村南东山顶可见滑坡(图1.30),滑坡宽约15m,下落约2m,裂缝宽约60cm、深约80cm,滑坡体两侧边部陡坎走向330°左右。

图1.27 鸦山岭西北坡的山石崩落

图1.28 罗阳山西北坡山鸡头上的山石崩落

图1.29 夏塘东滑坡体宏观出露情况(镜向北东)

图1.30 泗洲南东滑坡体顶部(镜向东)

五、巨石变动

罗阳山三羊顶有一块高约5m、宽约10m的巨石,震时向西北方向移动约50cm(图1.31)。罗阳山大羊顶西坡有一风化残留的高约8m的巨石,高角度节理发育,外观似几块巨石相叠而成(称叠石),震时边缘部分沿节理倾倒至10m以外(图1.32)。

六、土体坍塌

地震后,沿大步江及其支流的河岸边坡,不时可见小型坍塌体,宽5~10m不等,高最大者可达6m。

图 1.31　罗阳山三羊顶上巨石移动痕迹　　　图 1.32　罗阳山大羊顶西坡叠石倾落

七、喷水喷砂与砂土液化

喷水、喷砂等现象发生在平山、高塘、灵家、大龙、德心坪等地小的河谷平原中。由于这些地方冲积层厚度很薄,小于 10m,故喷水、喷砂规模不大,不会造成大的危害,表现为喷水时夹带泥砂喷出。水头一般为 2～3m,持续时间仅几分钟(图 1.33)。在高塘北开挖探槽揭露了丰富的砂土液化现象,具体表现为在探槽南西壁砂土液化后的褐黄色砂土层呈火焰状侵入灰色泥质层中(图 1.34);在探槽北东壁可见灰色泥质层褶皱拱起,褶皱拱起部位下部发育两条断层(图 1.35),断面附近发育黄褐色断层物质。

图 1.33　有人围观处为灵家村外喷砂现象发生处

图 1.34　高塘北探槽同震砂土液化现象　　　图 1.35　高塘北探槽灰色泥质层同震褶皱现象

八、地下水变化

(1) 水井干涸：地震后，高塘村 3 口井、山村 3 口井、大龙村 3 口井干涸无水。如高塘村内 1 口水井，平时水位埋深约 2m，终年不干，但震后干涸，直到地震 5 周后连下几天大雨后才有水，但水位比震前下降了 2/3。

(2) 泉水断流：山鸡麓村的山谷里，昔日有多处山泉，终年有水流，为谷中水田灌溉的水源。震后泉水全部断流，水田变旱田。灵家东北河滨一泉水，震后不久亦断流。

(3) 新泉产生：山鸡麓村的山谷里，高塘温屋背后，大龙村小河边，震后有新泉出露。

九、地表水变化

(1) 河水断流：大步江（现灵东水库内）及其上游的沙梨江以及它们的支流的某些地段，如平山、黄宁、大垭、木头塘、尖山等村庄旁，震时河床瞬间破裂致使河水漏失而干涸，0.5~1h 后才有水流淌。

(2) 河水倒流：灵家村前的沙梨江、六俄村东小河、大龙村前的小河河段，震时发生倒流，几分钟至 10 分钟恢复正常流向。

第二章 区域地震构造环境概述

第一节 区域大地构造环境

区域包括桂中、桂南和桂东以及广东省的西南部一部分地区，涉及华南褶皱系 1 个一级大地构造单元和 4 个二级大地构造单元，即桂中-桂东（加里东）褶皱带（赣湘桂粤褶皱带的一部分）、云开（加里东）褶皱带、钦州（海西）褶皱带和右江（印支）褶皱带（图 2.1）。

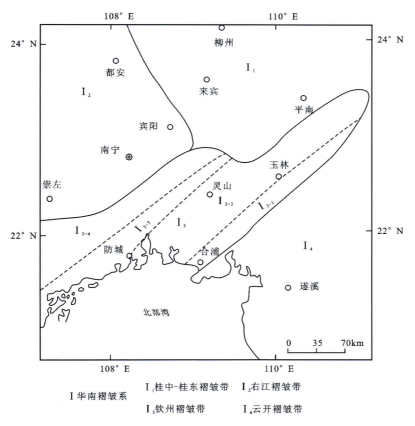

图 2.1 区域大地构造分区图

华南褶皱系总体来说是加里东褶皱系。早古生代，区域大部属华南地槽的一部分，志留纪末的广西运动（加里东运动），除钦州褶皱带外，地槽褶皱回返，转化为地台。印支运动，全区地壳隆起，海水退出，结束海相沉积历史，进入到大陆边缘活动带陆相盆地发育的新阶段，并奠定了本区基本构造格架。中生代，在燕山运动的影响下，岩浆活动及断裂活动强烈，奠定了构造地貌轮廓。新生代，在喜马拉雅运动的影响下，地壳运动表现为震荡式的抬升运动，奠定了现代地貌的基础。

一、桂中-桂东褶皱带（I_1）

前泥盆系出露广泛，主要形成于雪峰期—南华纪陆缘裂谷和震旦纪—寒武纪地槽环境。丹洲期，桂北龙胜三门街、桂东南鹰阳关地区有大规模的基性—超基性火山喷溢和顺层侵入；南华纪，桂北地区以冰海相沉积为主，桂东南大瑶山地区发育广海陆源碎屑复理石建造。震旦纪—寒武纪，桂北地区发育较稳定的碎屑岩、碳酸盐岩、硅质岩沉积，桂东南大瑶山地区则以活动性较强的复理石浊积岩夹少量硅质岩沉积为主。寒武纪末的郁南运动，使区内地壳开始转入挤压收缩，发生整体抬升，桂东北在奥陶纪转入前陆盆地沉积；奥陶纪末的北流运动，使本区整体抬升，缺失志留系沉积。志留纪末的广西运动，随着洋陆转换碰撞，使本区发生褶皱造山。进入晚古生代，区内发生强烈不均衡的陆内伸展裂陷，构成桂北、桂东南隆起夹桂中-桂东北坳陷的古地理格局，隆起边缘早、中泥盆世地层超覆于早古生代地层之上，坳陷内广泛接受晚古生代陆表海碳酸盐岩、碎屑岩沉积。中三叠世末的印支运动，使海水退出本区，泥盆纪—中三叠世盖层发生强烈褶皱，使本区隆升成陆。大瑶山北东姑婆山地区发生大规模的后造山花岗岩浆侵入。

二、右江褶皱带（I_2）

右江褶皱带分布于桂西、滇东南、黔西南和越南东北部。研究区域内仅是右江褶皱带东南部分。雪峰和加里东旋回的建造构造发育情况与华南褶皱带基本相似，广西运动时期由地槽转为褶皱带，泥盆纪初沉积了地台盖层型的单陆屑建造。但自早泥盆世晚期到二叠纪，地壳受裂陷作用强烈改造，产生了一些北西向和北东向断裂及其控制的断槽和盆地，使地台裂解，形成盆（凹）台（凸）分隔的格局。在盆、台中具有两种截然不同的沉积环境和沉积建造。断槽和盆地为深水、半深水环境，沉积由泥质岩、硅质岩、燧石灰岩及基性—中性火山岩组成的地槽型建造；台地属浅水沉积的碳酸盐岩和含煤、铝土岩建造。早—中三叠世整体强烈沉降，堆积以复理石建造为主，部分为碳酸盐岩、泥质岩和基性—酸性火山岩建造，故有"再生地槽"之称。印支运动使下—中三叠统及其以下的地层强烈褶皱隆升，海水退出，广大地区缺失晚三叠世沉积。燕山旋回阶段，在右江褶皱带东缘和钦州褶皱带发育有规模较大的侏罗纪—白垩纪的陆相坳陷盆地。喜马拉雅旋回阶段，北西向和北东向断裂活动并形成一些断陷盆地。

三、钦州褶皱带（I_3）

它位于钦州、玉林和容县一带，呈北东向斜贯区域北部。钦州褶皱带东南以合浦-北流断裂带为界，北西通过北东向防城-灵山断裂带与右江褶皱带毗邻，总体呈北东尖灭而向西南敞开的刀鞘形。

早古生代，它是华南加里东地槽的一部分，广西运动并未结束其地槽的发育历史，故称残留地槽。从志留纪到早二叠世为连续的地槽型沉积，主要是类复理石、硅质岩、泥质岩建造，厚万余米，末期的东吴运动使之褶皱回返，同时伴有酸性岩浆侵入。晚二叠世—早三叠世它仍有较强的活动性，在其西北缘防城—钦州一线的山前坳陷地带堆积了巨厚的磨拉石和杂陆屑建造。印支运动又使之发生明显的褶皱和断裂变形（广西壮族自治区地质矿产局，1985）。此后，燕山和喜马拉雅旋回以块断活动为主要特征，断裂沿线发育一些断陷和坳陷盆地。区域构造线总体为北东向，局部为东西向或北东东向。其中以防城-灵山断裂带、合浦-北流断裂带最为突出，它们具有多期活动的特点。

四、云开褶皱带（I_4）

它位于桂东南的云开大山一带，西北以博白-岑溪深断裂为界。该褶皱带自加里东旋回中、晚期逐渐隆起，一直持续至今，形成两广边界的屏障-云开大山山脉。其中，下古生界区域变质岩、混合岩与不同时期的花岗岩分布广泛，构造比较复杂。早古生代主要为地槽复理石沉积，厚约万米。寒武纪末和奥陶纪末，先后在郁南、北流运动影响下，中心部位逐步隆起。志留纪末，广西运动使地槽褶皱回返并转化为准地台。晚古生代，该区大部出露海面成为陆地。西北部边缘地区沉积泥盆系和石炭系地台盖层，下部为单陆屑建造，上部为碳酸盐岩及少量含煤建造，厚 3000 余米。中生代以来，块断运动频繁，形成水汶、六麻、合浦等陆相断陷盆地，沉积侏罗纪—古近纪、新近纪红色复陆屑、类磨拉石和基性—酸性火山岩建造，局部为含煤、含膏建造，厚数百米至 3000m。区域构造方向总体呈北东向，局部为北北东向或北东东向。基底和盖层褶皱、断裂均很发育。

第二节 区域地貌与新构造

一、区域地貌概述

区域内包括两大地貌单元，除北部湾外，均为陆地地貌。

区域东部受南岭抬升的影响，地势由北向南降低。地貌上则由中山依次过渡到低山、丘陵和沿海平原。大致以南宁—宾阳一线为界，西北部地表主要为古生代碳酸盐岩和中生代碎屑岩,以溶蚀、侵蚀地貌为主;东南部地区主要为古生代碎屑岩和中生代岩浆岩,以侵蚀地貌为主。由于受块断运动的影响,西北部形成北西向断块山地,东南部形成北东向断块山地。沿江、沿海以堆积地貌为主,发育有4~6级河流阶地和3~4级海成阶地。涠洲岛、合浦东部和北部湾,由于火山活动,形成火山地貌,即火山锥和熔岩台地。

区域海底地貌属南海北部大陆架单元,主要涉及北部湾一个次级地貌单元。

二、区域新构造运动概述

区域新构造运动比较活跃,表现多样,主要表现有新生代褶皱、断裂活动、溶洞堆积物破坏、层状地貌发育、地热(温泉)活动和火山活动等。区域新构造运动概括起来具有如下特征。

1. 间歇性升降运动是新构造运动的主要形式

由于间歇性抬升运动,形成多级剥夷面(表2.1)、多级河流阶地和海成阶地(表2.2)、多层溶洞等层状地貌;由于间歇性沉降运动,形成多期风化壳与堆积物相互叠置。

表2.1 区域部分剥夷面高度

地点	剥夷面高度/m	
	D1	D2
桂平	800~1000	500~800
南宁	340	250~300
钦州、合浦	200	100~120

表2.2 区域部分河流阶地高度

地点	河流阶地高度/m					
	T_1阶地	T_2阶地	T_3阶地	T_4阶地	T_5阶地	T_6阶地
桂平(拔河)	10	20~30	50~70	90~110		
南宁(拔河)	9~15	17~22	27~43	47~72	77~89	107~117
钦州、合浦(拔河)	3~5	7~8	11~15			

区域升降运动以抬升为主,并总体表现出北升南降的特点。由于长期处在抬升状态,内陆在古近纪末基本结束湖相沉积,并缺失新近纪沉积。第四系主要为河谷盆地沉积,厚度仅数米至数十米。南部新近系形成北部湾坳陷和雷琼断陷,沉入海中,厚度达2000余米。

2. 断块差异运动是新构造运动的重要形式

燕山期强烈的断裂活动和由此而产生的断块差异运动,基本上奠定了本区大部分构造地貌格局。新构造期,断块差异运动在此基础上发展,形成断隆和断(坳)陷相间的新构造格局。由于断块差异运动,相邻断块同级地貌面高度不同:夷平面高度相差150~300m,阶地高度相差1.5~3.0m。

3. 掀斜运动是本区新构造运动的重要形式

由于云贵高原强烈抬升,在总体抬升的背景下,本区向西北方向掀斜抬升,同级地貌由西北向东南逐渐降低。

4. 火山活动是本区新构造运动的显著特点

本区在涠洲岛、合浦东部、雷琼地区,第四纪火山活动强烈,有4期火山喷发,以玄武岩为主,形成大量熔岩被和火山锥。

5. 新构造运动在时间上和空间上的不均衡性

根据新近纪以来的沉积物厚度、火山活动、阶地级差等,新构造运动有从老至新、由强变弱的趋势;从火山活动、温泉出露和地震活动强度来看,新构造运动有由东南往西北减弱的趋势。

6. 区域新构造运动有明显的分区性

根据新构造运动的性质和强度的差异,可将本区划为6个新构造区(图2.2)。现将几个主要的新构造区的特征简述如下。

(1)桂西断块掀斜差异隆起区(Ⅰ)。该区活动断裂以北西向占绝对优势,断块差异运动显著。区内发生过的最大地震震级为6½级。该区可进一步划分为桂西南越北东断隆、右江断陷和桂西断隆。

(2)桂中轻微隆起区(Ⅱ)。区内除桂林-柳州断裂外,没有较大的断裂。新生代以来地壳以整体缓慢上升为主,新构造运动微弱,无显著差异运动。地震活动频度和强度都不大,仅有 $M \geqslant 4.7$ 地震2次,最大震级5级。

(3)桂东南断块差异隆起区(Ⅲ)。本区以合浦-北流断裂为界,东接粤西桂东断块隆起区,西界是桂林-南宁断裂,该断裂控制桂东南山地和丘陵、平原的分界,存在明显的地貌反差。北东向的合浦-北流断裂、防城-灵山断裂和桂林-南宁断裂是控制本区燕山运动以来地质地貌发育的主要构造,这反映在沿断裂走向发育的断块山和断层谷,如云开大山、大容山-六万大山、十万大山、南流江和北流江谷地、玉林盆地等。喜马拉雅运动沿袭其活动方式。新构造运动以继承性的大面积间歇性上升为主,沿海一带则有轻微的自南而北的挠升运动。间歇性抬升主要反映在玉林盆地-南流江谷地,沿谷地或盆地发育了海拔80~100m(早更新世)、60~80m(中更新世)、35~40m(晚更新世)和10m以下(全新世)的阶地。钦江谷地则见多级叠置型冲积扇、断层崖、跌水等。从地壳垂直形变资料分析,存在东西向的运动强度差异,即防城-灵山断裂强于合浦-北流断裂。西部的防城一带,1963—1966年累计上升67.8mm,速率为3.4mm/a;东部北海1954—1972年上升23.4mm,速率为1.3mm/a。地震活动也是西部强于东部。西部灵山历史上多次发生破坏性地震,最大震级为1936年的6¾

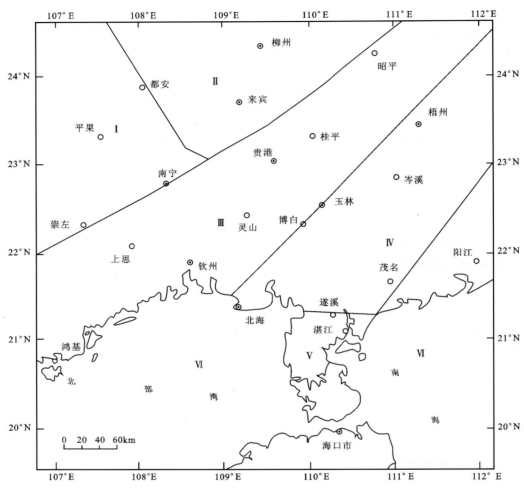

Ⅰ.桂西断块掀斜差异隆起区； Ⅱ.桂中轻微隆起区； Ⅲ.桂东南断块差异隆起区；
Ⅳ.桂东粤西断块差异隆起区； Ⅴ.雷琼断陷区； Ⅵ.北部湾和雷东新生代断坳盆地区

图 2.2　区域新构造分区图

级地震；东部仅发生过 1 次 4.7 级地震。除间歇性抬升运动以外，近代地壳还存在自海向内陆挠升运动。沿海多发育溺谷式海湾，Ⅰ级阶地自南向北变高。又据新近研究，濒临北部湾的防城三角洲距今 6000a 以来逐渐发生后退，已累计后退数十千米，这也是沿海地壳下沉的一种反映。

(4) 桂东粤西断块差异隆起区(Ⅳ)。燕山运动有规模较大的断裂活动和花岗岩侵入，形成一系列受北东向断裂控制的断块山和地堑。云开大山、云雾山脉此时已相继隆起。新构造运动主要是大面积的间歇性抬升和幅度不大的断块差异运动。新构造运动主要表现为四会-吴川断裂带控制下的断块垂直的正向运动。本区新构造运动主要是大面积间歇性上升的断块隆起，但南北之间又有差异，北部隆起幅度大，南部隆起幅度小。

(5)雷琼断陷区(Ⅴ)。区内断裂以北东东向为主,北西向和北北西向断裂也较发育,部分断裂在晚更新世或全新世有强烈活动表现。第四纪以来新构造运动表现为不均衡升降运动,伴有多期火山活动。该新构造区是区域内新构造运动最活跃的地区。区内发生的最大地震震级为 $7\frac{1}{2}$ 级。

(6)北部湾和雷东新生代断坳盆地区(Ⅵ)。区内断裂以北东东向为主,其次为北西向,白垩纪—新近纪为陆相断陷。由于北东东向和北西向断裂的差异活动,形成许多次级断陷和盆地。区内有多次 5~6 级地震发生,伴有多期火山活动。区内沉积了 1000 多米厚的陆相碎屑岩建造。新近纪以来,区内由断陷转为强烈坳陷,成为陆表海,沉积有 2000 余米厚的浅海、滨海相地层。区内发生最大地震震级为 6.2 级。

三、新构造运动与地震活动的关系

根据对新构造运动、现今地壳形变、地震活动及地震构造基本特征的综合分析,区域新构造运动与地震活动的关系可总结出如下两个方面。

(1)地震活动与断块差异活动关系密切。震中区所在的桂东南断块差异隆起区(Ⅲ)的中南段是区域范围内中强地震主要活动区域。

(2)构造区的边界构造带和构造区内断陷及坳陷盆地发育的断裂带,是新构造差异活动明显的地带,如北东向的防城-灵山断裂和合浦-北流断裂,它们可能是地震活动带。

第三节 区域活动断裂

一、区域断裂构造力学性质及其演化

区域断裂按其走向主要有北东向和北西向两组,如图 2.3 所示。

1. 北东向断裂

该组断裂主要分布在凭祥—南宁一线以东地区。总体走向 40°~50°,呈舒缓波状延伸,规模宏大,长度大于 300km,往北东方向延出区外。断裂形成于加里东期,是长期活动的断裂,第四纪重新活动。据测年资料,部分断裂在中更新世有过明显的强烈活动,部分断裂的部分区段在晚更新世也有过活动。前新生代或更早期间,断裂表现为左旋剪切-挤压的力学性质,之后力学性质发生改变,表现出右旋剪切-引张的力学性质。根据新生代盆地的发育史和切割它们的断裂性质,以及现代水准测量结果,断裂可能在新近纪以后表现为右旋剪切-挤压的力学性质。断裂带沿线发育有中—新生代断陷盆地和第四纪槽地(谷地),并有温泉出露。

2. 北西向断裂

该组断裂主要分布在博白—宾阳—马山一线以西地区。总体走向 300°~310°,长度大

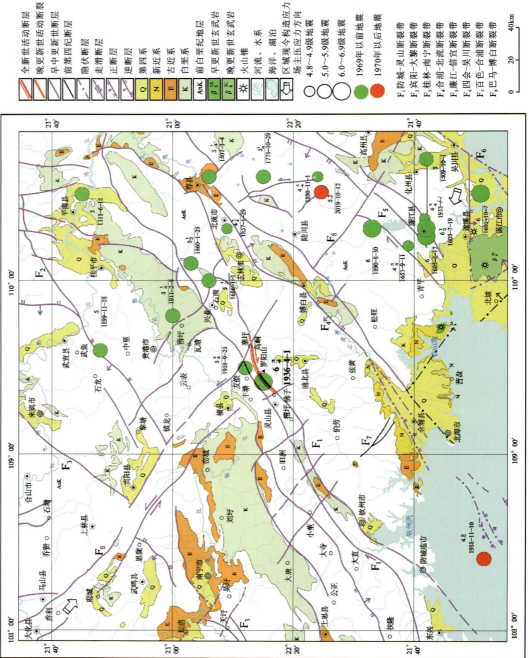

图 2.3 区域地震构造图

于 250km。断裂线平直,在卫星影像上十分醒目。在区域西北部连续性好,延伸长;在区域东南部断续出现。它切割其他方向的构造线。断裂形成于加里东期、海西期,是长期活动的断裂。印支期,断裂表现出右旋剪切-挤压的力学性质,燕山期—喜马拉雅期表现出左旋剪切-挤压的力学性质。除右江断裂发育有较多的新生代盆地外,其他断裂盆地不甚发育。该断裂第四纪以来有明显的活动。据测年资料,断裂在中更新世有过强烈活动,部分区段在晚更新世也有过活动。

二、区域主要断裂的活动特征

区域涉及的主要断裂及编号见图 2.3,现对其主要构造性质和活动特征分别阐述如下。

(一)北东向断裂

北东向断裂主要有防城-灵山断裂带(F_1)、宾阳-大黎断裂带(F_2)、桂林-南宁断裂带(F_3)、合浦-北流断裂带(F_4)、廉江-信宜断裂带(F_5)和四会-吴川断裂带(F_6)等。

1. 防城-灵山断裂带(F_1)

该断裂带西南起自越南境内,往东北经钦州、灵山至藤县西,呈舒缓波状延伸,全长约 350km,总体走向 40°~50°。大致以寨圩为界,南西段倾向以北西为主,北东段以南东为主,倾角 40°~80°。沿断裂带是布格重力异常北东向梯度带,并有分段性,同时还是串珠状磁异常带。沿断裂带有不同时代的中酸性岩体侵入,属硅铝层深断裂。新生代以来,断裂有明显的活动,并表现出右旋剪切-引张的力学性质。沿断裂带形成构造谷地,两侧地貌反差强烈。该断裂带在小董(大垌附近)和寨圩分别与百色-合浦断裂带和巴马-博白断裂带相交,形成 3 个基本的大区段,即防城—大垌段、大垌—寨圩段、寨圩以北段。周本刚等(2008)又在该基础上进行了更详细的划分。相关研究指出,由于地质结构、应力状况及环境条件的不同,断裂的活动性往往呈现有明显的分段现象,不同区段的活动特征各异。通常情况下,断裂的分段可以概括为以下 4 种:①断裂的几何形态分段;②断裂的结构分段;③断裂的活动性分段;④断裂的破裂分段(丁国瑜等,1993)。以下对防城-灵山断裂带的分段仅限于断裂的活动性分段,即根据断裂的长期活动差异进行分段(图 2.4)。沿防城-灵山断裂带调查获得的基础资料,在进行活动性分段时考虑以下几个因素:①断裂带的地貌差异;②断裂带与晚中生代—新生代盆地的关系;③断裂带内断裂的活动性差异;④地震活动的差异;⑤断裂带与北西向断裂带的关系。根据上述的分段原则,把防城-灵山断裂带分为防城—大垌段、平吉盆地段、灵山段和寨圩以北段 4 个区段,以下简述各段的构造和活动特征。

防城—大垌段(南段):防城—大垌段为大垌以南的防城-灵山断裂带,其北边界为北西向的百色-合浦断裂带(马杏垣,1989)。该段主要发育在早古生代浅变质砂岩、粉砂岩和泥岩中,主要包括防城-大垌断层和那浪-大垌断层。该段长约 150km。地貌上,防城-大垌断层(F_A)和那浪-大垌断层(F_B)之间为那梭侵蚀洼地,该洼地中的地层为二叠纪粉砂岩和泥岩,其抗风化能力较周围的志留纪—泥盆纪浅变质岩、略有硅化的砂岩和粉砂岩差。断裂带

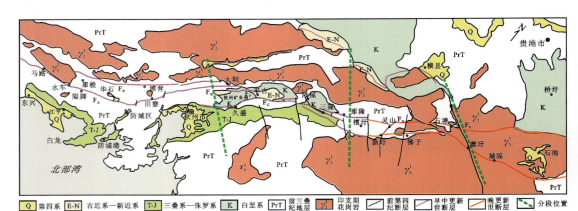

图 2.4　防城-灵山断裂带分布与活动性分段图（据周本刚等，2008）

内主要为强烈揉皱变形的硅质粉砂岩、泥岩，在一些平直断层面上的碎裂岩和断层泥已经胶结成岩，构造形迹主要为印支期的挤压揉皱变形，变形程度自北向南减弱。地震活动弱，没有 3 级以上地震发生。该段断裂为早—中更新世断裂。

平吉盆地段（中段）：该段的南端是平吉盆地的西南端，东北端为陆屋盆地的东北端，包含的主要断裂有平吉-陆屋盆地南缘断层（F_C）、钦州矿务局断层（F_G）、大垌南断层（F_F）及三隆-石塘断层（F_D）的西南端，长约 60km。平吉-陆屋盆地南缘断层（F_C）控制了平吉、陆屋两个晚中生代—新生代沉积盆地的东南边界，地貌上线性特征较为明显，局部地段在山前形成平台地貌（陆屋南），切割白垩纪地层。钦州矿务局断层和大垌南断层发育在晚中生代—新生代地层中，不仅错断邕宁群砂岩、泥岩，也使得在邕宁群中形成紧闭的不对称褶皱，褶皱的东南翼直立，甚至倒转。断层物质测年结果显示，该段内的断裂中更新世有过活动，被中更新世晚期—晚更新世地层覆盖，为早—中更新世断裂。

灵山段（中北段）：该段南起那隆，向北东经坛圩、灵山、石塘，截止于北西向的寨圩断裂（巴马-博白断裂带中的一条断裂），长约 55km。包含的主要断裂有西侧三隆-石塘断层（F_D）和东侧灵山断层（F_E）。西侧三隆-石塘断层西南端发育在白垩纪地层中，其余部分发育在古生代和印支期花岗岩中，大地貌上构成山区和灵山侵蚀洼地的分界，微地貌上没有显示，被全新世以来的坡积物覆盖。断层物质测年结果显示，该断裂在早—中更新世有过活动。东侧灵山断层南段（F_{E-1}）在地貌上没有明显显示，但有清晰的断面和未成岩的断层泥，在早—中更新世有过活动。东侧灵山断层北段（F_{E-2}）在罗阳山北麓有清晰的地貌显示，中更新世晚期—晚更新世冲洪积扇上存在断裂槽地、跨断裂的水系发生右旋偏转的现象，中更新世洪积扇砂砾石层中发现断裂的迹象。该段上发生过 3 次 5 级以上的地震，最大地震震级为 1936 年的 6¾ 级，小地震分布密集。根据李细光等（2017a,b）研究认为，发生于该段的 1936 年 6¾ 级地震形成了长 12.5km 的地表破裂带。破裂带有多种存在形式，如地震陡坎、地裂缝/陡坎。该段断裂表现为右旋走滑兼正断性质，为全新世活动断裂。

寨圩以北段(北段)：断裂活动性较灵山段减弱，为早—中更新世断裂，中强地震活动也相对较弱，小地震分布较稀少。因此，将北西向寨圩断裂作为分段界线，以北划分为一个活动段。

2. 宾阳-大黎断裂带(F_2)

断裂带总体呈60°走向展布在区域东部，经过宾阳、武宣南、藤县大黎乡至陈塘桃花一带，全长200km左右，由多条平行断裂组成。多倾向南东，倾角50°～80°，属逆断性质。断裂带在新生代具一定的活动，在卫星和航空照片上清晰可辨，沿断裂带多形成地貌反差强烈的断裂谷地。

通挽-白沙断裂是该断裂带的重要组成部分之一，由白沙断裂和通挽-东乡断裂及桐岭村-花马断裂组成。

白沙断裂：在白沙村，可见断裂变形带宽约150m，内部可见构造碎裂结构，断面倾向西，两侧泥盆系泥岩具劈理化特征且扰动构造发育。断面上的土黄色断层泥厚2～3cm，其热释光(thermoluminescence，TL)法年龄为(167.12±18)ka。

通挽-东乡断裂：该断裂由2～3条近平行的断层组成，发育在石炭系和泥盆系中，总体表现为逆断性质。在上盘和下盘的古河道中，也发育了压性角砾岩，角砾砾径在2～5cm之间，为白色、红色方解石和泥质胶结。在黔江的北岸一侧，自东乡至勒马东，河流与断裂走向大致相同；在祥龙至通挽，断裂走向与河流走向方向也大致一致。

桐岭村-花马断裂：在桐岭村北西800m处，断面倾向北西，上下盘均为石炭系灰岩，断裂带宽30～50m，带内构造透镜体发育，为挤压逆断性质。沿断裂展布的走向，断裂的东南侧为线状负地形，与通挽-东乡断裂大致控制了武来河的河谷走向。取断裂破碎带中的石英做扫描电子显微镜(scanning electron microscope，SEM)观察，其石英碎砾表面以鱼鳞状为主，兼有橘皮状，表明断裂在新近纪末和早更新世有过明显活动。根据广西壮族自治区地质矿产局(1985)的调查，碳酸盐岩上的红土堆积可能为更新世的产物。而黄镇国等(1996)的工作表明，南方各种岩性上的红色风化壳发育时期主要为早—中更新世。由于断裂在许多地区的上覆红土层和红色风化壳未被错切，综合地貌、地层和地质现象，推断该断裂带为早—中更新世断裂。1899年在断裂带上曾发生过5级地震。

3. 桂林-南宁断裂带(F_3)

该断裂带西南起自越南境内，经来宾、柳州、桂林，进入湖南，总长度约650km。断裂带总体走向45°，在柳州以北断面多倾向北西，柳州以南多倾向南东，倾角30°～60°。断裂带在布格重力异常图上有显示。断裂带由数条大致平行的断裂组成，宽数千米。切割寒武系—古近系，断距大者可达1000余米。断层破碎带宽数米至数十米，带内挤压透镜体、角砾岩、糜棱岩、硅化、片理化和擦痕等构造现象发育。该断裂带是长期活动的继承性活动断裂，新生代以来有明显活动。它控制广西大的地貌轮廓及新生代盆地的分布。断裂带以西以中低山为主，东部以低山、丘陵、平原区为主，新生代盆地较发育。沿断裂带形成串珠状的第四纪盆地和谷地，有的地方断裂控制盆地的边界。断裂活动在一些地方使同级地貌面高度出现差异。

该断裂带分别在宾阳、南宁西南部被北西向的断裂带巴马-博白断裂带和百色-合浦断裂带切断。其中,宾阳往东北方向,在来宾的西北侧有间断,因而可以划分为桂林—来宾段、来宾—宾阳段。巴马-博白断裂带与百色-合浦断裂带之间所夹持的区段具有独立性,可划分为思陇—南宁段。百色-合浦断裂带西南侧,断裂连续性好,划分为南宁—凭祥段。桂林—来宾段有右旋走滑表现;来宾—宾阳段为逆断性质,倾向南东;思陇—南宁段为逆断性质,倾向南东;南宁—凭祥段为逆断性质,倾向北西。

桂林—来宾段:该段断裂通过地区呈现狭长的断裂谷地,成为湘桂走廊,并有一系列上升泉分布和温泉出露。取断层物质进行 TL 法年代学测试,年龄为距今 270ka,表明断裂在中更新世中期有过明显活动。第四纪以来,具逆-右旋走滑特征。灵川断裂是该段的主要断裂。比如在秧塘圩南东 2km,在泥盆系灰白色厚层灰岩中发育断层、节理,断裂影响宽度约 8m,断面清楚,测得断面产状 315°∠69°,一组节理产状 312°∠58°。断面走向北东,倾向北西,面上有红褐色铁质及灰色钙质充填,厚约 10cm,发育擦痕、阶步,显示断层性质为右旋走滑。而在西岔北西 500m,石炭系浅灰色、土黄色薄层粉砂质泥岩中发育宽约 40m 的构造破碎带,内部岩层多劈理化,局部透镜体化。主断面(308°∠48°、280°∠40°)走向北东或北北东,倾向北西或北西西,断面上多有铁质充填,并发育构造透镜体,大小 2m×0.5m,发育牵引褶皱,显示性质为逆断;次级断面(311°∠29°、316°∠36°)切错岩层,错移距离达 1m,根据标志层错移或牵引褶皱判断其性质为逆断。

来宾—宾阳段:桥巩-三林断裂是该段的主要断裂。该断裂在卫星影像显示局部地段控制河流的发育和第四系沉积边界。它经过塘圩、桥巩、古瓦等地,长 46km。在古瓦水库东可见断裂露头。破碎带宽约 30m,内部有多期活动形迹。早期以挤压为主,表现为方解石胶结的灰岩角砾岩、碎裂岩。后期表现为节理密集发育带,节理切入早期的角砾岩,倾向南南东,节理面上有褐黄色铁质薄膜覆盖。本露头发育在孤峰的中部,表明断裂在早—中更新世有一定程度的活动。断裂通过的大部分地方有红土覆盖。根据广西壮族自治区地质矿产局(1985)调查,碳酸盐岩上的红土堆积可能为更新世的产物。而黄镇国等(1996)的工作表明,南方各种岩性上的红色风化壳发育时期主要为早—中更新世。由于大部分地区的红土层和红色风化壳未被错切,综合地貌、地层和地质现象,推断该断裂为早—中更新世断裂。

思陇—南宁段:伏林断裂是该段的主要断裂。它全长约 20km,经过梁伯、桥溪、伏林、坡利、林琅等地,走向北东,倾向南东,倾角 80°,主要发育于泥盆系之中,为一逆断层。在坡利北东 300m 处,可见断层角砾岩出露,角砾岩带宽 5~10m,角砾大小 1~3cm,被肉红色方解石胶结。沿断裂带,可见断面几乎陡立,带内角砾被挤压,形成似扁豆状。断裂经过处线性负地形地貌明显;断裂走向与山体走向近乎一致;在伏林至梁伯段,断裂为中低山与溶蚀洼地分界线。断裂上有褐红—褐黄色黏土覆盖,未见断裂切入。结合前人的工作和研究成果,综合地貌、地层和地质现象,推断该断裂为早—中更新世断裂。

南宁—凭祥段:沿断裂带显示地层缺失,压劈理发育,具糜棱岩化或硅化,两侧地层有牵引拖曳现象。该断裂不仅控制南、北两侧构造线的展布,而且对两侧早三叠世的沉积建造和岩浆活动也有明显的控制作用,可见该断裂形成时间应早于印支期,同时该断裂又切过早白垩世及古近纪地层,说明它在燕山期、喜马拉雅期仍有活动。新构造运动期间,该断裂具一定的活动性,主要表现在:断裂两侧同级剥夷面高度存在明显差异;线状负地形地貌明显,断裂带经过处为低丘或缓丘,两侧则为断层崖或断层陡坎;沿断裂带有少量温泉出露。同时,在该断裂带两侧,现代地震活动差异明显,桂西北强震地震构造区与桂东南强震地震构造区于此分界。在扶绥南5km(陆空西南1km)可见破碎带。破碎带发育在泥盆系硅质砂岩中,宽约40m,内部构造透镜体发育,已硅化,两侧岩层强烈揉皱。断面倾向北西,旁侧岩层有牵引构造。综合判断,该观察点的断裂为逆断性质。断裂上覆一层褐黄—红黄色黏土。结合前人的工作和研究成果,综合地貌、地层和地质现象,推断该断裂为早—中更新世断裂。

沿桂林-南宁断裂带有少量地震发生,历史上在断裂带东北段的灵川和西南段的宁明各发生1次4¾级地震。

4. 合浦-北流断裂带(F_4)

该断裂带西南起于北部湾海中,总体走向$40°\sim60°$,长300余千米。分东、西两束:东束称陆川-岑溪断裂束,多数倾向南东,倾角$40°\sim70°$,属硅镁层深断裂;西束称博白-藤县断裂束,容县以北,多数倾向南东,容县以南,多数倾向北西,倾角$70°$左右,属硅铝层深断裂。

该断裂带在博白和合浦附近分别与巴马-博白断裂带和百色-合浦断裂带相交,形成3个区段,即博白以北段(北段)、博白—合浦段(中段)、合浦盆地段(南段)。北段为正断性质,中段为逆断性质,南段为正断性质。古新世—始新世,中段活动性最强,盆地沉积厚$1000\sim1400$m,南段、北段仅厚$300\sim500$m。渐新世和中上新世,南段活动性强,沉积厚1600m,中段、北段无沉积。第四纪,据断裂构造地貌发育程度、第四系发育状况及温泉出露状况分析,南段活动性较强,中段次之,北段最弱。南段隐伏于合浦盆地边缘,由于断裂活动,形成南流江断裂谷,据钻探和浅层地震勘探资料,断裂切错下—中更新统,断距约20m。据中段、南段断层泥采用TL法和红外释光(infrared stimulated luminescence, IRSL)法进行年代测试结果,断层泥形成时间为距今$470\sim120$ka,表明断裂在中更新世有过明显活动。此结果与汪一鹏等(1996)和王明明等(2009)工作的结果一致。据断层物质SEM形貌分析,断裂带活动方式以黏滑为主。沿断裂带,历史上共记述$M\geqslant4.7$的地震4次,最大震级为5.3级。

5. 廉江-信宜断裂带(F_5)

该断裂带东北起自广东信宜西北安莪附近,向南西经六明、高坡、木头塘、宝圩、那水、新圩、长湾河水库、红阳农场、低村、安堡、廉江、新民圩,止于横山镇一带,长约183km(广西壮族自治区地质局,1967;广东省地质局,1965)。大致以那水第四纪小盆地为界,该断裂带可分成东北段和西南段。

东北段称安莪—那水段:主要由单条断裂构成。断裂主要发育在加里东期混合岩与混合花岗岩中,有的区段构成二者之间的界线,只有那水小盆地以东,断裂构成泥盆系与白垩系之间的界线。断裂走向北北东,倾向北西,正断性质。

西南段称新圩—横山段：大致以红阳农场为界，将其分成两小段。北小段称新圩—红阳农场小段，主要由两条断裂组成，它们构成寒武系与泥盆系之间的界线，另在泥盆系内部也有同方向的断裂。断裂走向20°～40°，倾向南东或北西，最新活动性质以右旋走滑为主。南小段称红阳农场—横山小段，其主断裂位于廉江东南，它构成寒武系与泥盆系之间的界线。主断裂西北侧泥盆系中还有两条北东走向的断裂，它们构成泥盆系桂头群下亚群与上亚群之间的界线。断裂走向50°～70°，倾向北西，最新活动性质也以右旋走滑为主。

断裂带在地貌上有较清楚的显示。东北段那水小盆地两侧的低山海拔80～130m，而盆地面海拔30m左右；西南段低山山脊、谷地的走向与断裂走向基本相同。断裂在卫星影像上有较清楚的显示。横山镇西南，地貌上为九洲江冲积平原，九洲江的流向为北东向，廉江-信宜断裂带过横山镇后在地貌上已不清楚，但不排除仍有延伸。前人研究认为，该断裂带形成于加里东期，此后有多次活动，新生代也有明显活动，控制了第四纪小盆地和谷地的发育，沿断裂带有温泉分布（广东省地质局，1965）。对断层泥做SEM石英形貌分析表明，断裂在上新世和早更新世有过明显活动（广东省地震局，1982）。之后的调查表明（中国地震局地质研究所等，2013），断裂切割的地层虽然都是古生界，但断裂之上的覆盖层均为晚更新世残积层。根据合浦-北流断裂带上残积层中两个电子自旋共振（electron spin-resonance spectroscopy，ESR）年龄样品的测试结果，它们的堆积时代为(23 ± 3.5)～(21 ± 2.3)ka。至少反映在上述年龄以来，断裂停止活动。在廉江城西南沙井附近剖面中，见到沿断面发育较好的断层泥，颗粒极细、新鲜，经ESR测定，其年龄为(348 ± 49)ka。并且自该点向南，沿断裂带线性影像十分清晰平直，表现为线性展布的低丘与平原的分界，据此推断该断裂的活动时代可到中更新世中—晚期。该断裂带前第四纪主要显示逆断性质，但廉江城西南沙井附近剖面显示沿最新活动断面皆为发育较清楚的具右旋性质的近水平擦痕，反映断裂的最新活动性质是以右旋水平走滑为主，兼有逆断或正断性质。综上所述，该断裂带东北段最新活动时代为早—中更新世，活动性质为正断层，西南段最新活动时代为中更新世中—晚期，活动性质以右旋水平走滑为主，兼有逆断或正断的性质。沿断裂带曾发生$M\geqslant4\frac{3}{4}$的地震6次，最大震级为6级。

6. 四会-吴川断裂带（F_6）

该断裂带东北起自广东省清远县，向南西经四会，抵吴川，并可能延入海康港，全长在350km以上。断裂带由十多条大致平行的断裂组成，宽10～15km，总体走向30°～40°，分东、西两束，西束主要倾向北西，倾角在50°以上，东束主要倾向南东，倾角50°～60°。断裂带在重、磁异常图上都有明显反映。

断裂带形成于加里东期，此后多次活动，切割震旦系至新近系，地表规模宏大，破碎带可宽达数百米，带内岩石破碎、硅化、糜棱岩化、片理化、动力变质等构造现象发育。断裂带在新生代有明显活动，在卫星影像上清晰可见。断裂带的活动形成北东向的断块山和断裂谷，沿断裂带可见断层崖、断层三角面、跌水等构造地貌。断裂带在部分地段控制古近系和新近系沉积，并在此后的活动中切割古近系和新近系。

据张虎男和吴堃虹（1991），断裂活动性表现为北强南弱。南段袂花江断裂在中更新世以来活动不明显。断裂在第四纪也有活动，控制漠阳江、袂花江，发育长几十千米，生成第四纪河谷盆地。在一些地段,断裂两侧第四纪地层截然不同,在吴川的黄坡一带,第四纪地层呈断层接触,穿越断裂的河流阶地变形明显。断层物质 TL 法测年结果表明,断裂在中更新世(距今 350ka、380ka、450ka)有过较明显的活动,以压剪性、蠕滑为主要特征。

沿断裂带曾发生 4.7 级以上地震 7 次,最大震级为 6 级,有仪器记录以来 $M_L=2.0\sim3.0$ 的地震时有发生。

综上分析,该断裂为早—中更新世断裂。

(二)北西向断裂

北西向断裂主要有百色-合浦断裂带(F_7)和巴马-博白断裂带(F_8)。现对主要断裂进行叙述。

1. 百色-合浦断裂带(F_7)

该断裂带始于桂黔交界的隆林、西林,向南东经百色、南宁,至合浦,而后进入雷州半岛,全长 760km。总体走向 310°~320°,倾向北东或南西。该断裂带分别与北东向的桂林-南宁断裂带、防城-灵山断裂带、合浦-北流断裂带相交,其中桂林-南宁断裂带西北侧区段的连续性好,东南侧连续性差,断续分布。根据断裂带的地质地貌特征、断裂规模、错断最新地层的年龄和断层物质的年龄,以及地震活动等的差异,与北东向断裂带的交切关系,将该断裂带分成活动性具有明显差异的 3 段,即南宁以西的西北段(大致为桂林-南宁断裂带以西段)、南宁以东的中段(桂林-南宁断裂带与合浦-北流断裂带之间所夹持的区段)和东南段(合浦盆地段)。其中,百色-合浦断裂带的西北段沿右江谷地展布,连续性好,延伸长,称右江断裂带。

1)西北段——右江断裂带

据宋方敏等(2004)研究,右江断裂带西北起自兴义、棒鲊以东,向东经隆林、西林、潞城、田林、百色、田东、平果、隆安,止于坛洛,全长约 410km。由一组走向 310°~320°、倾向北东和南西的断裂组成。大致以百色、思林为界,该断裂带可分为三段,即百色以西段、百色—思林段、思林—坛洛段。

(1)百色以西段。该段可分为南支和北支。

南支:八桂—百色段卫星影像显示清楚。百色西北凡屯村一带地貌上为典型的断层谷,那及一带则发育较好的断层槽地。剖面中断层切割的最新地层为晚更新世坡积含砾石红土或含土砾石层,反映出断裂活动时代为晚更新世。1962 年 4 月 22 日八桂附近发生的 5 级地震可能与该段断裂有关。

北支:旧州—泽屯段线性影像特别清晰,地貌上控制了现代河床走向,断层谷、断层槽地十分发育。由于断裂的左旋走滑,许多地段穿越断裂的水系发生同步左旋拐弯。在平吉西北砖厂,断裂切割冲沟阶地灰褐色砾石层,砾石层的 TL 法样品测试年龄为 (99.6 ± 7.7)ka。在田林平么,断裂切割了冲积相细砾石层及其上的坡积粗砾石层和橘黄色黏土,冲积细砾石层中的 TL 法样品 YTL-16 测试年龄为 (46.8 ± 3.6)ka。在田林东南公路边,乐里河Ⅲ级阶地砂层、砾石层与其后的橘黄色粗砂层呈断层接触,其垂直断距在 8m 左右,阶地中的 TL 法样品 YTL-14 和 YTL-15 测试年龄分别为 (79.6 ± 6.3)ka 和 (101.6 ± 7.9)ka。

(2)百色—思林段。该段主要断裂位于百色-田东盆地南、北两侧,控制着第四纪百色-田东盆地的发育。盆地南、北两侧断裂地貌都很清楚,是低山丘陵与第四纪盆地的界线。在盆地南缘的那坡,人工剖面中见断层切割晚更新世坡积砾石层并形成充填楔,充填楔下部堆积物的 TL 法样品年龄为(85.5±6.6)ka。盆地南缘田东马鞍岭,右江Ⅲ级阶地堆积的红土夹砾石层与三叠纪灰绿色砂岩呈断层接触,地貌上形成陡坎。盆地东北缘那敏附近,断层切割河流Ⅲ级阶地砾石层,其中的 TL 法样品测试年龄分别为(47.3±3.7)ka 和(101.5±7.9)ka。

(3)思林—坛洛段。该段在地貌上断层谷或断层槽地发育,例如山心-右江边断层谷。经实地测量,该断层谷宽 43.6m,其内部又发育宽 10m 的断层槽地。在谷地两侧,皆见到断层面和断层破碎带。平果—隆安段浔礼水库下游断层槽地宽 44.3m,两侧坎高 1~3m。良涞村西北 1.5km 探槽剖面中,揭露出的断层切割了河流Ⅱ级阶地堆积物,其中的 TL 法样品测试年龄分别为(40.2±3.2)ka 和(32.8±2.5)ka。

2)中段

该段位于南宁以东至合浦-北流断裂带以西。根据断裂的地形地貌特征、断裂规模和构造岩特征,以及断层物质年龄等,可将此段分成两个亚段。

(1)西北亚段(南宁以东至防城-灵山断裂带的 A 段)。该亚段在航片上有清晰的影像显示,地貌上呈负地形,对古近纪沉积盆地有一定的控制。断裂破碎带宽度从几厘米到 70 多米不等,切割了古生代—古近纪地层,构造岩胶结疏松。各断裂有左旋逆断或正断表现。断层泥的 TL 法测试年龄为(458±167)~(388±9)ka,表明断裂在中更新世有过活动。

(2)东南亚段(防城-灵山断裂带和合浦-北流断裂带之间的 B 段)。该亚段在数字高程模型(digital elavation model,DEM)图上线性影像不清晰,地貌反映不明显;断裂带宽 2~9m,构造岩以挤压性质的片理、透镜体等为主,较松散,胶结程度相对较差,在部分断面上发育薄层断层泥,其 ESR 年龄为(368±44)ka。由此判断,该亚段在中更新世可能有微弱活动,为早—中更新世断裂。

总之,中段的百色-合浦断裂带由西北向东南规模逐渐变小,活动性逐渐变弱,活动时代有逐渐趋老的特征。沿该段断裂带在 1893 年发生过 1 次 4¾级地震,现代小震活动微弱。综合判断,该段为早—中更新世断裂。

3)东南段

该段是条隐伏断裂,位于中更新世北海组之下,北海组未受到断裂影响。从断裂两侧层状地貌面分析,该断裂至少对早更新世早期后形成的一级夷平面(低夷平面)和中更新世形成的低剥夷面没有明显的控制作用;早更新世湛江组的顶面在断裂两侧的高程没有明显变化。并且,从可观察到的断裂剖面看,该段规模很小,错断石炭纪地层,即使在湛江组中存在一些北西向裂缝的蛛丝马迹,但其上覆的北海组没有受到影响。沿断裂历史上未发生过破坏性地震,现代小震活动微弱。由此推断,该段即使存在断裂,规模也很小,其最新活动时间也应发生在北海组沉积之前。故本段作为早更新世有微弱活动断裂处理。

在地震活动性方面,沿百色-合浦断裂带 1751 年以来共发生过 $M \geq 4¾$ 的地震 7 次,最大地震震级为 5.0 级。其中,西北段右江断裂带的百色以西段在 1910 年和 1962 年分别在西林和田林八桂发生 4¾级和 5.0 级地震;百色—思林段在 1751 年发生过 1 次 4¾级地震;

思林—隆安段在1925年、1930年各发生过1次4¾级地震,在1977年发生过1次5.0级地震。东南段至今没有震级超过4¾级的地震记录。

综上所述,确定该断裂带西北段最新活动时代为晚更新世,中段和东南段活动时代为早—中更新世。

2. 巴马-博白断裂带(F_8)

该断裂带东南始于广东省茂名一带,往西北经广西博白、横县、昆仑关、大化、巴马,而后进入贵州省,总体走向310°~330°,全长达800多千米。倾向以北东为主,倾角40°~85°,属硅镁层深断裂,切割寒武系至古近系。断裂破碎带宽数米至百余米,带内角砾岩、糜棱岩、硅化构造透镜体、强烈挤压揉皱带等构造现象发育。沿断裂带有燕山晚期小岩体和岩脉分布。断裂带最早形成于海西构造旋回,印支期强烈活动,表现出右旋剪切-挤压性质。

断裂带在新生代以来和第四纪时期具强烈的活动,并表现为左旋剪切-挤压力学性质。该断裂带与北东向的桂林-南宁断裂带、宾阳-大黎断裂带、防城-灵山断裂带、合浦-北流断裂带、廉江-信宜断裂带相交或交切。其中,防城-灵山断裂带西北侧的区段,从贵州至马山之间,断裂分为两束,东北束连续性好,西南束断续出露,马山至横县之间,断裂带由2~3条平行的断裂组成,这些断裂的连续性好且对地貌控制明显。因此,大致以马山为界,分为巴马—马山段、马山—横县段。防城-灵山断裂带东南侧的区段在灵山附近线性较好,因而横县至寨圩区段划为一个独立的区段。防城-灵山断裂带与合浦-北流断裂带之间的部分连续性差,合浦-北流断裂带与廉江-信宜断裂带之间又有出露,因而博白—茂名之间可划分为一个区段。综合断裂带几何形态、内部结构、断裂活动性方面差异以及与北东向断裂带的交切关系,大致以马山、横县、寨圩、博白为界将断裂带分为巴马—马山段、马山—横县段、横县—寨圩段和博白—茂名段。

巴马—马山段:该段断裂带有两束,东北一束为逻西-凤山-板升断裂束,西南一束为雅长-逻楼-都阳断裂束。沿断裂带线状负地形地貌明显,断层三角面、断层崖发育,对红水河干流和支流水系有明显的控制作用,在下屯附近,红水河被该断裂左旋错移,在马山、下岜等地,红水河支流水系在过断裂处急转弯。沿断裂带冲沟、冲槽及山前冲洪积扇体多被左旋错移。在上龙街等地方,断裂带上有温泉出露。在岜仆、上龙街、刁旺及大当等地,未见红水河Ⅱ级阶地有被错断迹象,说明该段断裂带自晚更新世以来不活动。取断裂物质做U系和TL法年代学测试,年龄分别为280ka和190ka,说明该段断裂带为早—中更新世断裂。

马山—横县段:在横县至马山南一带,沿断裂带发育有中—新生代盆地,并控制宾阳第四纪盆地的西部边界。该段断裂带由天马-芦村断裂、武陵断裂、巷贤-刘村断裂和露圩-横县断裂等主要断裂组成,经过横县附近时由多条断裂组成棋盘状。其中,天马-芦村断裂经过横县芦村至宾阳高田一带时,寒武系逆冲到古近系之上,同时左旋错断燕山晚期花岗岩体达4000m左右。取断层泥做TL法年代测试,其年龄为150ka,表明断裂在中更新世中期有过明显活动。断层泥SEM的研究结果表明,该段运动方式以黏滑为主。武陵断裂是宾阳盆地的西南边界。该断裂为早—中更新世断裂。

横县—寨圩段:该段断裂带由两条近平行的北西向断裂组成。北东侧一条为寨圩-六垠断裂,西南侧一条为友僚-蕉根坪断裂,两条断裂所夹持的部位在1958年发生过5¾级地震。其中,寨圩-六垠断裂线性负地形地貌明显,地貌上构成了盆山分界线。友僚-蕉根坪断裂始于罗阳山,往北西经过蕉根坪、六吉至友僚、罗凤一带,长约50km,破碎带宽10余米。断裂沿线线状负地形地貌明显,多成洼地、凹地;断裂控制着现代水系的发育,小河等水系多沿断裂走向分布,角状水系发育;断层崖、断层陡坎和断层三角面发育。在焦根坪一带,两侧地貌有差异:断裂东北侧仅发育低平的Ⅱ级冲积洪积阶地,西南侧发育Ⅴ级洪积阶地;在友僚—石塘、蕉根坪—六吉一带左旋错断北东向断裂、成排的山脊和沟谷(潘建雄等,1995);在大排北西一带该断裂使小型冲沟具同步左旋现象。在蕉根坪村160°方向1km左右,可见断裂发育于花岗岩中,断面较平直,延伸到上覆晚更新世黑色标志层,对其未有错断。综上所述,该段断裂带的活动时代为中更新世中—晚期。

博白—茂名段:该段断裂带断续出露,连续性不好,大致由彭村断裂和凤山断裂组成。前者沿断裂线状负地形地貌明显,断层三角面发育,对现代水系有一定的控制作用。在彭村附近断裂切错花岗岩体,成为下奥陶统与花岗岩体的分界线,左旋错断米场断裂;在谢鲁至良塘一带,断裂成为中丘(300~450m)与低丘、谷地(100~200m)的分界线。后者在双凤大元肚,断裂错移了山前的多个山嘴和Ⅲ级河流阶地,同时,也造成了山前冲沟的同步拐弯。综上所述,该段断裂的主要活动时代为早—中更新世。

综上所述,确定该断裂带巴马—马山段主要活动时代为早—中更新世。其中,马山—横县段主要活动时代为早—中更新世,横县—寨圩段主要活动时代为中更新世中晚期,博白—茂名段主要活动时代为早—中更新世。

沿断裂带,3级以上地震呈带状分布。4¾级地震分布在断裂带的西北段和东南段。自广西壮族自治区有地震记录以来,3次6级以上地震均发生在该断裂带上。

为便于对比分析,将以上各断裂带的主要活动特征列于表2.3中。

第四节　区域地震活动

一、区域地震空间分布特征

区域自1507年有地震记载以来至1969年,共记述了$M \geqslant 4.7$的地震31次,其中5~5.9级地震12次,6~6.9级地震6次(含余震),历史最大地震为1936年4月1日广西灵山6¾级地震(表2.4、表2.5),表明区域历史地震活动有较高的水平。区域自1970年有台网记录以来至2020年,共记录了$M \geqslant 2.5$的地震867次,其中3.0~3.9级地震234次,4.0~4.9级地震32次,5.0~5.9级地震7次,6.0~6.9级地震2次,台网记录的两次6级以上地震分别是1994年12月31日北部湾6.1级地震和1995年1月10日北部湾6.2级地震(表2.6、表2.7),表明区域现代地震活动可达中等水平。

表 2.3 区域主要断裂带活动特征一览表

编号	名称	全长/km	走向	分段	第四纪活动性质	最新活动时代	地震活动
F₁	防城-灵山断裂带	350	北东	南段（防城—大峒段）	右旋走滑	早-中更新世	5 级以上地震 5 次,最大为 1936 年 6¾ 级,多发生于中段
				中段（平吉盆地段）		全新世	
				中北段（灵山段）			
				北段（寨圩以北段）		早-中更新世	
F₂	宾阳-大黎断裂带	200	北东	—	逆断	早-中更新世	无记录
F₃	桂林-南宁断裂带	650	北东	桂林-来宾段	逆-右旋走滑	早-中更新世	1599 年灵川 4¾ 级地震
				来宾-宾阳段	逆断		无记录
				思陇-南宁段	逆断		无记录
				南宁-凭祥段	逆断		1869 年宁明 4¾ 级地震
F₄	合浦-北流断裂带	300	北东	北段（博白以北段）	正断	早-中更新世	沿断裂带,历史上共记录 M≥4.7 的地震 4 次。在北段 2019 年发生过广西北流-广东化州 5.3 级、5.2 级地震
				中段（博白-合浦段）	逆断		
				南段（合浦盆地段）	正断		
F₅	廉江-信宜断裂带	183	北北东	北东段	正断	早-中更新世	沿断裂带曾发生 M≥4¾ 的地震 6 次,最大地震 6 级
			北东	南西段	右旋走滑		
F₆	四会-吴川断裂带	>350	北东		逆断	早-中更新世	沿断裂发生过 1445 年四会 4¾ 级的地震和 1605 年 6½ 级的地震

续表 2.3

编号	名称	全长/km	走向	分段	第四纪活动性质	最新活动时代	地震活动
F_7	百色-合浦断裂	>410	北西	西北段(隆安以北段)	左旋正断	晚更新世	1910 年和 1962 年分别在西林和田林八桂发生过 $4\frac{3}{4}$ 级地震和 5.0 级地震
				中段	左旋逆断、正断	早-中更新世	1751 年发生过 1 次 $4\frac{3}{4}$ 级地震,1925 年,1930 年各发生过 1 次 $4\frac{3}{4}$ 级地震,1977 年发生过 1 次 5.0 级地震
				东南段	隐伏		至今没有超过 $4\frac{3}{4}$ 级的地震记录
F_8	巴马-博白断裂带	>800	北西	巴马—马山段	左旋走滑	早-中更新世	发生多次 5 级左右的地震
				马山—横县段			
				横县—寨圩段			
				博白—茂名段			

表 2.4　区域中强历史地震目录（$M \geqslant 4.7$，1507—1969 年）

编号	发震时间		震中位置		震级 M/级	震中烈度/度	精度	震中参考地名
	年-月-日	时:分:秒	北纬	东经				
1	1507-03-04	—	22.8°	110.6°	5¼	—	3	广西容县东南
2	1509-10-01	—	21.6°	110.6°	4¾	—	3	广东化州、吴川间
3	1599-01-25	—	21.0°	110.0°	5½	—	4	广东吴川近海
4	1600-7-15	—	21.6°	110.3°	4¾	—	3	广东廉江
5	1605-07-19	—	21.6°	110.3°	6½	—	—	广东廉江
6	1605-08-17	—	21.6°	110.3°	6	—	—	广东廉江(余震)
7	1605-10-07	—	21.3°	110.5°	6	—	—	广西湛江东
8	1605-12-15	—	21.0°	110.5°	6½	—	—	广东湛江南
9	1606-02-20	—	21.0°	110.5°	5½	—	—	广东湛江南
10	1653-09-11	—	21.7°	110.2°	4¾	Ⅵ	2	广东廉江
11	1673-10-22	—	21.6°	110.3°	5	Ⅵ	—	广东廉江
12	1686-01-01	—	22.8°	110.0°	5½	—	4	广西玉林与贵港之间
13	1736-04-21	—	23.2°	110.9°	4¾	—	—	广西岑溪
14	1759-10-25	—	23.9°	109.9°	5	—	3	广西象州
15	1778-10-29	—	22.5°	110.6°	5¼	—	3	广西北流东南
16	1857-01-29	—	22.7°	110.3°	4¾	Ⅵ	2	广西北流
17	1860-01-25	—	22.9°	110.1°	5½	—	3	广西玉林与贵港之间
18	1869-07-11	—	20.2°	110.3°	4¾	—	3	广西宁明
19	1890-08-30	—	21.9°	110.3°	6	—	3	广西陆川南
20	1890-11-01	—	22.2°	110.5°	4¾	—	—	广西北流东南
21	1893-11-26	—	22.8°	107.8°	4¾	Ⅵ	2	广西扶绥中东
22	1899-11-28	—	23.4°	109.6°	5	Ⅵ	2	广西武宣南
23	1911-02-05	—	23.0°	109.8°	5¼	—	3	广西玉林与贵港之间

续表 2.4

编号	发震时间 年-月-日	发震时间 时:分:秒	震中位置 北纬	震中位置 东经	震级 M/级	震中烈度/度	精度	震中参考地名
24	1925-05-15	—	23.4°	107.5°	4¾	—	—	广西平果
25	1930-06-16	—	23.5°	107.5°	4¾	—	3	广西平果
26	1933-07-01	—	21.6°	110.3°	4¾	—	3	广东廉江
27	1936-04-01	—	22.5°	109.4°	6¾	Ⅸ	—	广西灵山东北
28	1936-04-09	20:20:00	22.5°	109.4°	4¾	—	—	广西灵山东北
29	1936-04-12	19:00:00	22.5°	109.4°	4¾	—	—	广西灵山东北
30	1936-04-26	19:30:00	22.5°	109.4°	5½	—	—	广西灵山东北
31	1958-09-25	9:05:36	22.6°	109.5°	5¾	Ⅶ	2	广西灵山东北

表 2.5 区域 $M \geqslant 4.7$ 的历史地震统计表（1507—1969 年）

震级段/级	4.7~4.9	5~5.9	6~6.9
地震次数/次	13	12	6
最大震级/级	6¾		

表 2.6 区域中强现代地震目录（$M \geqslant 4.7$, 1970—2020 年）

编号	发震时间 年-月-日	发震时间 时:分:秒	震中位置 北纬	震中位置 东经	震级 M/级	震中烈度/度	精度	深度/km	震中参考地名
1	1977-10-19	10:44:01	23.40°	107.48°	5.0	Ⅵ	1	11	广西平果
2	1988-11-5	2:03:54	20.58°	108.12°	4.8	—	2	—	北部湾
3	1988-11-10	9:17:43	21.28°	108.41°	5.0	—	2	7	北部湾
4	1994-12-31	10:57:16	20.43°	109.35°	6.1	—	1	7	北部湾
5	1995-01-10	18:09:46	20.48°	109.35°	6.2	—	1	11	北部湾
6	1995-03-23	14:14:44	20.33°	109.43°	5.1	—	1	17	北部湾（余震）
7	1995-04-16	5:07:43	20.55°	109.37°	4.7	—	1	21	北部湾（余震）
8	1995-05-07	15:16:05	20.35°	109.40°	5.3	—	1	9	北部湾（余震）
9	2019-10-12	22:55:02	22.17°	110.52°	5.2	Ⅵ	1	10	广西北流

表 2.7　区域 $M \geqslant 2.5$ 的现代地震统计表(1970—2020 年)

震级段/级	2.5~2.9	3.0~3.9	4.0~4.9	5.0~5.9	6.0~6.9
地震次数/次	592	234	32	7	2
最大震级/级	6.2				

从表 2.4 和表 2.5 可以看出,区域 $M \geqslant 4.7$ 的历史地震发生有一定数量,也有一定强度,最大震级为 $6\frac{3}{4}$ 级。从表 2.6 和表 2.7 中可以看出,区域 $M \geqslant 2.5$ 的现代地震有一定数量,也有一定强度,6 级以上地震发生了 2 次,最大震级为 6.2 级,这些地震在时间分布和空间分布上有自身特征。

二、地震的平面分布

图 2.5 是区域 $M \geqslant 4.7$ 的地震震中分布图。从图中可以看出,地震的平面分布具有不均匀性,主要表现为以下几个方面。

(1)地震主要在灵山—容县、茂名—湛江一线分布,其他地区零散分布。

(2)就地震强度而言,灵山、廉江地区最强,其他地区较弱。

(3)区域 $M \geqslant 4.7$ 的地震分布与断裂带关系密切,主要分布在防城-灵山、廉江-信宜、合浦-北流、巴马-博白、四会-吴川、铺前-清澜等断裂带上。①区域的北部地区,沿百色-合浦断裂带 $M \geqslant 4.7$ 的地震发生过 4 次,震级多为 $4\frac{3}{4}$ 级,最大地震为 1977 年平果 5.0 级地震;②区域东北部,沿防城-灵山断裂带和合浦-北流断裂带发生过多次 $5 \sim 6\frac{3}{4}$ 级地震;③区域东中部一带发生多次 5~6 级地震,主要分布在广东廉江和湛江地区。

(4)西南部地震少,原因是该地为海域,历史上对此地地震可能存在漏记。

图 2.6 是区域 1970 年以来 $M \geqslant 2.5$ 的地震震中分布图。从图中可以看出,现代地震的分布有如下特点。

(1)$M \geqslant 2.5$ 的地震除在区域东北角分布较少外,其余地区均有分布,在北部湾、平果、大化、陆川等地表现为群集性。

(2)$M \geqslant 4.0$ 的地震主要分布在区域东南部和西北部,西南角和东北角缺失,其他地区零散分布。地震分布总体呈北西向。

(3)就地震强度而言,区域东南部较强,西北部次之,东北角最弱。西南角因位于越南境内,地震记录可能有遗漏。

三、震源深度分布特征

区域自 1970 年以来, $M \geqslant 2.5$ 的地震有震源深度资料的有 323 次,震源随深度的分布如表 2.8、图 2.7 和图 2.8 所示。从表和图中可以看出,其震源深度分布特点是:①区域震源深度均在 30km 以内,属浅源地震;②无论是按所有地震统计,还是按分震级段统计,震源深度

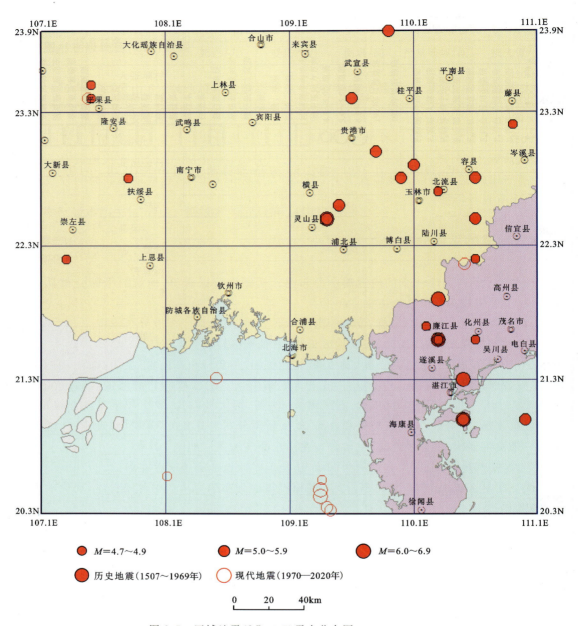

图 2.5 区域地震($M \geq 4.7$)震中分布图(1507—2020 年)

以 5~10km 最多,占 53.9%,其次是 11~15km,占 23.8%;③在 $M<4.0$ 的地震中,震源深度小于 5km 的也有一定数量,这是某些地方小震级产生较高烈度的原因之一。图 2.7 和图 2.8 分别为区域及邻区现代地震震源深度剖面图和直方图,直观地反映出区域现今地震深度均分布在 30km 以内。

第二章 区域地震构造环境概述

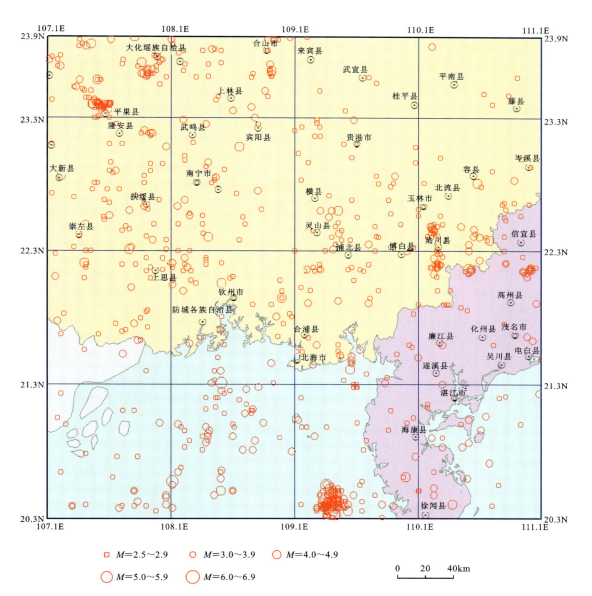

图 2.6 区域地震($M \geqslant 2.5$)震中分布图(1970—2020 年)

表 2.8 区域及邻区地震震源深度统计表

震级 M	深度/km											
	<5		5～10		11～15		16～20		21～25		26～30	
	次数/次	占比/%	次数/次	占比/%	次数/次	占比/%	次数/次	占比/%	次数/次	占比/%	次数/次	占比/%
≥2.5	33	10.2	174	53.9	77	23.8	29	9.0	6	1.9	4	1.2
2.5～2.9	19	9.7	117	60.0	42	21.5	12	6.2	3	1.5	2	1.0

续表 2.8

震级 M	深度/km											
	<5		5~10		11~15		16~20		21~25		26~30	
	次数/次	占比/%	次数/次	占比/%	次数/次	占比/%	次数/次	占比/%	次数/次	占比/%	次数/次	占比/%
3.0~3.4	9	12.5	31	43.1	22	30.6	8	11.1	1	1.4	1	1.4
3.5~3.9	4	11.4	16	45.7	7	20.0	6	17.1	1	2.9	1	2.9
4.0	1	4.8	10	47.6	6	28.6	3	14.3	1	4.8	0	0.0

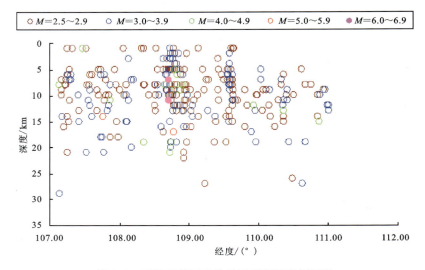

图 2.7 区域及邻区现代地震震源深度剖面图

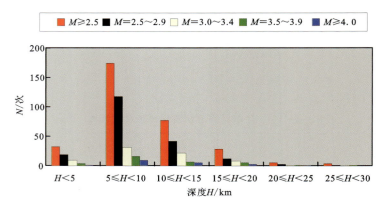

图 2.8 区域及邻区现代地震不同震级段震源深度直方图

四、震源机制解及震源应力场

对区域及邻区的震源机制解统计,其结果如图 2.9 和图 2.10 所示,从图中可知区域震源应力场主压应力轴走向优势方位为 300°左右,主张应力轴走向优势方位为 55°左右。

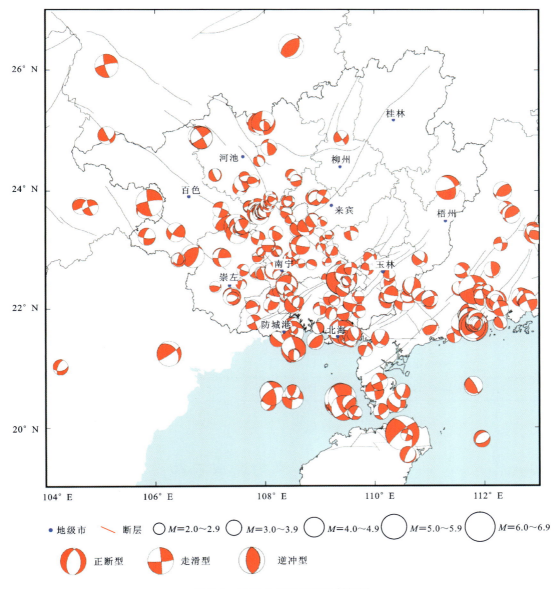

图 2.9 广西及邻区震源机制解图

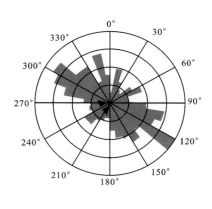
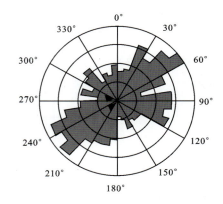

P 轴方位玫瑰花图　　　　　　　　T 轴方位玫瑰花图

图 2.10　广西及邻区震源参数图

表 2.9 为震源力学参数平均值表。从表 2.9 可知,地震震源破裂时,主压应力轴、主张应力轴和错动力的仰角都较小,为 20°左右,节面倾角较大,为 70°左右。表明区域的震源应力场以水平挤压为主,震源错动方式以走滑为主,并有倾滑。表 2.10 为区域及邻区震源机制解参数表。

表 2.9　震源力学参数平均值表

参数	平均值
主压应力轴仰角平均值	20°
主张应力轴仰角平均值	21°
错动力仰角平均值	20°
节面倾角平均值	70°

第五节　区域构造应力场

一、区域新构造应力场

据前人有关研究成果,结合区域第四纪断裂活动特征判定,区域及邻区第四纪区域构造应力场的主压应力方向为近东西向或北西西-南东东向。用水系统计法得到的构造应力场主压应力方向为:右江水系 94°~97°,红水河水系 88°,桂东南地区 101°。这些证据也表明区域及邻区第四纪区域构造应力场主压应力方向为近东西向或北西西-南东东向。

表 2.10 区域及邻区震源机制解参数表

编号	地震日期（年-月-日）	发震时刻时:分	震中位置 $\varphi_N/(°)$	震中位置 $\lambda_E/(°)$	参考地名	震级 M_L/级	深度/km	节面Ⅰ 走向/(°)	节面Ⅰ 倾角/(°)	节面Ⅰ 滑动角/(°)	节面Ⅱ 走向/(°)	节面Ⅱ 倾角/(°)	节面Ⅱ 滑动角/(°)	P轴 方位/(°)	P轴 倾角/(°)	T轴 方位/(°)	T轴 倾角/(°)	B轴 方位/(°)	B轴 倾角/(°)
1	1936-04-01	00:00	22.50	109.40	广西灵山	6.9	16	110	65	-177	19	86	-24	331	19	67	15	192	64
2	1961-06-12	00:00	21.25	106.25	越南北江	5.4	10	237	85	-171	146	82	-6	102	10	11	2	272	81
3	1962-03-19	04:18	23.70	114.70	广东河源	6.4	—	152	88	-10	242	80	-177	107	9	197	6	321	80
4	1964-09-23	08:04	23.68	114.73	广东河源	5.6	—	294	55	-12	31	80	-144	258	32	158	17	44	53
5	1969-07-26	06:49	21.70	111.80	广东阳江	6.6	10	160	70	-11	254	80	-159	119	22	26	7	280	67
6	1970-03-25	07:46	26.07	105.12	贵州六盘水	5.2	8	253	75	167	346	78	15	118	2	209	19	24	71
7	1971-02-25	00:00	23.70	114.70	广东河源	4.0	—	71	70	-165	337	76	-21	294	25	25	5	122	65
8	1972-05-07	10:12	22.40	108.40	广西邕宁	4.9	5	109	70	26	10	65	159	239	4	330	32	144	58
9	1973-04-05	18:02	23.70	112.40	广东广宁	3.3	5	51	70	-117	288	33	-37	283	57	162	23	59	25
10	1973-04-06	09:34	23.60	112.50	广东广宁	4.0	5	69	66	-112	293	32	-48	304	61	173	19	75	20
11	1973-08-08	18:13	21.57	109.63	广西合浦	3.2	5	114	28	57	329	67	105	47	20	266	65	142	14
12	1974-03-04	12:18	23.70	113.30	广东清远	3.9	5	230	55	-42	346	58	-139	19	51	107	3	197	39
13	1974-07-27	11:36	22.03	107.78	广西上思	3.2	5	146	20	160	254	84	71	0	36	144	48	256	19
14	1974-11-24	10:18	22.60	109.45	广西灵山	4.5	9	14	56	10	278	82	144	331	18	231	30	86	55
15	1975-07-09	21:55	23.88	103.03	云南富宁	5.6	16	293	76	-155	197	66	-15	337	27	244	6	322	62
16	1975-07-10	07:34	18.30	110.60	海南万宁	3.8	5	5	73	-2	95	90	-161	322	13	229	13	95	71
17	1975-12-21	19:26	20.60	110.50	广东徐闻	3.6	5	24	70	-47	137	45	-153	158	46	265	15	8	38
18	1976-04-25	22:37	22.00	112.30	广东阳江	3.6	5	158	89	-11	248	80	-179	113	8	204	7	334	80
19	1976-05-27	07:37	21.70	111.80	广东阳江	4.8	5	99	75	158	195	70	15	148	4	56	25	246	65
20	1976-06-11	13:05	21.72	108.50	广西防城	3.5	12	282	78	146	19	58	13	334	14	235	31	85	55
21	1976-08-04	06:11	21.50	110.10	广东廉江	3.9	5	36	70	-37	141	55	-155	354	40	92	9	192	48
22	1976-11-20	09:05	22.90	113.10	广东顺德	3.9	5	14	55	28	267	68	140	143	8	45	43	241	46

续表 2.10

编号	地震日期 (年-月-日)	发震时刻 时:分	震中位置 $\varphi_N/(°)$	震中位置 $\lambda_E/(°)$	参考地名	震级 M_L/级	深度/km	节面I 走向/(°)	节面I 倾角/(°)	节面I 滑动角/(°)	节面II 走向/(°)	节面II 倾角/(°)	节面II 滑动角/(°)	P轴 方位/(°)	P轴 倾角/(°)	T轴 方位/(°)	T轴 倾角/(°)	B轴 方位/(°)	B轴 倾角/(°)
23	1977-04-09	22:02	22.87	107.22	广西大新	4.1	5	267	87	−31	1	59	−176	40	24	138	19	261	59
24	1977-04-13	08:08	23.08	108.65	广西武鸣	4.2	5	190	85	−6	280	84	−174	145	8	55	0	330	82
25	1977-04-26	16:45	23.40	107.52	广西平果	4.0	5	234	75	165	328	75	17	101	2	191	22	6	67
26	1977-05-02	05:48	23.28	109.58	广西贵港	3.2	5	94	45	−165	354	80	−46	302	39	51	22	163	43
27	1977-06-03	18:23	22.68	109.57	广西黄县	2.9	5	92	70	170	185	80	20	317	7	50	21	210	68
28	1977-07-21	18:33	22.87	109.92	广西玉林	3.0	13	51	89	−151	319	61	−2	278	21	182	19	52	61
29	1977-10-19	10:44	23.40	107.48	广西平果	5.4	11	189	55	−32	298	64	−141	157	45	91	5	326	45
30	1977-10-19	11:54	23.40	107.47	广西平果	4.7	10	210	50	−3	302	88	−139	174	29	69	26	304	50
31	1977-11-06	05:21	21.95	109.72	广西博白	2.9	11	347	77	−4	78	85	−167	303	12	212	6	96	77
32	1978-02-02	19:08	22.25	110.27	广西陆川	3.9	11	178	35	−18	283	80	−123	340	45	219	27	110	33
33	1979-11-13	07:43	21.93	109.45	广西浦北	3.4	12	350	71	−173	258	84	−19	213	18	305	9	61	70
34	1980-06-09	07:55	23.30	106.38	广西靖西	4.2	5	172	21	47	38	74	104	114	30	329	60	212	15
35	1980-06-17	15:25	23.90	109.07	广西合山	3.1	23	120	79	−6	211	84	−167	76	13	345	4	238	76
36	1980-09-28	18:15	21.47	109.57	广西合浦	3.1	5	69	82	−7	160	83	−171	24	11	294	1	199	79
37	1980-12-24	21:09	23.08	108.07	广西隆安	3.1	15	91	88	−4	180	87	−177	45	4	135	1	239	86
38	1981-06-22	03:58	21.77	107.80	广西上思	3.3	5	334	76	−179	244	89	−14	198	10	290	9	61	76
39	1981-06-23	06:14	20.50	108.50	北部湾	4.7	5	6	90	−6	97	85	−171	142	4	231	4	186	85
40	1982-10-27	23:36	23.80	105.90	云南富宁	6.0	15	86	52	−168	348	80	−39	300	34	42	20	157	51
41	1982-10-28	05:34	23.68	105.82	云南富宁	3.9	20	160	36	130	295	65	66	42	17	165	63	306	22
42	1983-06-24	00:00	21.80	103.30	越南莱州	6.7	5	246	89	−4	336	87	−178	201	4	291	2	47	85
43	1983-06-24	07:22	24.87	109.40	广西融安县	3.4	5	56	82	179	146	89	8	281	5	11	6	151	82
44	1983-07-11	17:37	22.57	110.27	广西玉林市	2.7	5	86	85	−177	356	90	−4	311	3	41	3	176	86

52

续表 2.10

编号	地震日期(年-月-日)	发震时刻时:分	震中位置 $\varphi_N/(°)$	震中位置 $\lambda_E/(°)$	参考地名	震级 M_L 级	深度/km	节面Ⅰ 走向/(°)	节面Ⅰ 倾角/(°)	节面Ⅰ 滑动角/(°)	节面Ⅱ 走向/(°)	节面Ⅱ 倾角/(°)	节面Ⅱ 滑动角/(°)	P轴 方位/(°)	P轴 倾角/(°)	T轴 方位/(°)	T轴 倾角/(°)	B轴 方位/(°)	B轴 倾角/(°)
45	1983-07-14	02:14	23.68	107.20	广西田东县	3.6	5	211	45	22	106	75	133	166	18	58	43	272	41
46	1983-12-05	20:00	24.88	106.85	广西乐业县	5.0	5	81	46	27	332	71	133	32	15	286	46	135	40
47	1983-12-07	17:03	24.88	106.85	广西乐业县	4.8	17	53	61	171	147	83	30	277	15	14	26	160	60
48	1983-12-08	04:33	24.93	106.83	广西天峨县	3.0	5	85	22	53	304	73	104	23	26	234	60	120	13
49	1988-11-05	02:03	20.58	108.12	北部湾	5.2	10	42	46	146	158	66	51	277	15	20	52	175	36
50	1988-11-10	09:17	21.32	108.52	北部湾	5.4	14	70	55	163	170	75	36	296	14	35	35	190	51
51	1989-09-18	12:53	22.13	112.22	广东恩平	4.5	10	200	73	33	98	58	159	327	10	62	36	223	53
52	1989-10-12	12:44	23.35	108.60	广西上林	3.5	5	347	18	-71	146	77	-96	47	62	241	28	148	6
53	1990-07-02	10:01	22.38	110.68	广西北流	4.1	5	196	78	26	100	64	166	329	10	56	28	220	61
54	1990-11-07	21:08	22.52	109.13	广西横县	2.3	6	138	35	150	253	74	58	6	22	126	51	83	30
55	1991-01-05	20:11	23.73	107.72	广西平果	2.7	9	191	33	28	77	75	119	324	24	200	51	68	28
56	1991-04-21	13:51	22.92	108.53	武鸣	2.6	5	142	27	73	340	64	98	64	268	88	70	157	7
57	1991-07-17	11:02	22.15	109.27	广西灵山	2.6	7	348	21	28	233	80	108	308	33	164	51	49	19
58	1992-01-30	08:41	22.75	108.85	广西邕宁	2.4	16	295	88	58	201	32	175	232	35	356	39	116	32
59	1993-02-05	21:54	23.65	107.90	广西大化	3.8	1	97	28	31	339	76	114	50	27	278	53	153	24
60	1993-02-10	02:26	23.63	107.88	广西灵山	4.9	9	24	35	7	288	86	125	349	32	229	39	105	35
61	1994-02-17	14:09	22.45	109.48	广西灵山	2.6	8	115	75	100	261	18	57	197	29	39	59	293	10
62	1994-03-11	16:02	23.86	108.15	广西都安	2.3	10	230	62	-38	340	57	-145	193	46	286	3	19	44
63	1994-12-31	10:57	20.43	109.35	南海北部湾	6.4	7	341	71	-108	207	26	-47	225	60	86	24	348	18
64	1995-01-10	18:09	20.48	109.35	南海北部湾	6.4	11	343	65	11	248	80	154	297	10	203	25	48	63
65	1997-09-23	11:19	23.24	112.97	广东三水	3.7	1	124	52	-116	340	47	-62	324	70	232	2	141	20
66	1997-09-26	13:26	23.27	112.97	广东三水	4.4	1	124	44	-104	322	46	-76	311	80	44	2	134	10

续表 2.10

编号	地震日期 (年-月-日)	发震时刻 时:分	震中位置 $\varphi_N/(°)$	震中位置 $\lambda_E/(°)$	参考地名	震级 M_L级	深度/km	节面Ⅰ 走向/(°)	节面Ⅰ 倾角/(°)	节面Ⅰ 滑动角/(°)	节面Ⅱ 走向/(°)	节面Ⅱ 倾角/(°)	节面Ⅱ 滑动角/(°)	P轴 方位/(°)	P轴 倾角/(°)	T轴 方位/(°)	T轴 倾角/(°)	B轴 方位/(°)	B轴 倾角/(°)
67	1998-04-16	11:13	25.12	107.98	广西环江	5.3	11	356	78	54	250	38	160	113	24	230	45	5	35
68	1998-04-16	17:54	25.14	107.97	广西环江	4.0	11	11	25	−87	188	65	−91	96	70	279	20	189	1
69	1998-04-17	02:04	25.11	107.97	广西环江	4.4	12	142	11.2	62	350	80	95	76	34	267	54	170	5
70	2003-03-24	19:11	22.19	107.46	广西扶绥	4.1	14	8	86	−115	268	26	−10	253	44	120	36	10	25
71	2003-05-01	15:23	21.59	108.59	广西钦州	4.3	4	5	79	−49	108	42	−162	133	42	245	23	355	40
72	2007-07-17	11:24	25.10	107.03	广西天峨	4.5	6	189	70	30	90	61	158	317	6	54	34	220	55
73	2013-02-18	05:06	25.29	106.87	贵州罗甸	2.4	7	160	71	−68	290	28	−137	99	58	234	23	333	20
74	2013-02-20	03:21	23.84	107.41	广西田东	4.5	6	314	36	−14	55	81	−125	292	42	173	28	61	35
75	2013-03-01	13:42	24.38	109.43	广西柳州	3.0	5	34	47	95	207	43	85	301	2	183	86	31	3
76	2013-07-31	17:18	24.08	111.53	广西苍梧	5.4	10	326	36	−13	67	82	−125	304	42	185	28	73	35
77	2016-09-17	09:52	23.65	108.92	广西来宾	4.6	9	2	48	−48	128	56	−126	161	60	63	4	331	30
78	2016-12-07	18:32	21.45	108.92	广西北海	3.8	9	357	86	−24	89	65	−175	310	20	46	14	168	65
79	2016-12-11	03:15	22.42	110.23	广西陆川	3.5	13	171	45	−5	265	86	−135	138	33	28	27	268	45
80	2017-07-15	04:41	24.83	107.33	广西南丹	4.5	6	79	77	−172	347	83	−12	302	14	33	4	140	75
81	2017-07-31	00:33	23.93	108.61	广西忻城	4.2	7	237	8	−42	11	84	−95	274	50	106	39	11	6
82	2017-08-15	13:16	23.16	106.12	广西靖西	4.5	6	41	30	69	244	62	101	326	16	181	71	239	10
83	2017-10-03	19:17	23.18	106.15	广西靖西	4.6	6	243	31	108	42	61	79	140	15	287	72	47	9
84	2019-10-12	22:55	22.16	110.53	广西北流	4.7	8	251	75	149	349	61	17	303	9	207	32	47	57
85	2019-10-12	22:55	22.17	110.52	广西北流	5.6	10	100	72	169	193	80	17	326	5	58	20	222	69
86	2019-11-25	09:18	22.87	106.72	广西靖西	5.6	10	24	61	71	239	34	120	128	14	256	68	33	17
87	2019-11-28	07:49	22.88	106.66	广西靖西	4.8	9	42	33	79	236	58	97	321	12	169	76	52	7

二、区域现代构造应力场

根据区域及邻区的震源机制解统计,震源应力场主压应力方位 300°占优势,主张应力轴方位为 55°左右。研究表明,震源机制解主应力轴产状的统计特征可以代表区域现代构造应力场。故区域的现代构造应力场的主压应力方向为北西西向。

区域及邻区历史和现代中强地震的宏观等震线资料中,绝大部分地震的极震区长轴取向与震中地表附近的主要活动构造形迹一致。根据区域及邻区已做的地震极震区等震线长轴的统计,北西向占优势,北西向破裂优势方向随震级增大更为明显,可见北西向断裂为主要发震断裂。另外在广东,前人利用地质、地貌、地球物理、大地测量、地热和数值模拟得出广东区域现今应力场特征是:主压应力轴走向北西西(粤东)和北西(粤西);主张应力轴走向为北北东—北东,中间应力轴近直立;局部地段的应力状态因受其他因素的影响略有差异。

利用"中国地壳运动观测网络"1000多个 GPS 观测站的复测数据计算发现,中国大陆主要活动断裂的 GPS 滑动速率与全新世滑动速率在运动方式和运动量上是大体一致的(张培震等,2002)。从 GPS 速度场(张培震等,2005)中可以看出,区域的速度矢量方向为北西-南东向,大体上勾画了区域陆壳运动图像。

由上述震源机制解、发震构造、区域 GPS 形变等研究成果可知,区域现今构造应力场主压应力方向为北西—北西西向。

第三章　震中区主要断裂活动性分析

第一节　地质构造特征

一、地层

震中区内出露的地层从新至老有第四系（图3.1）、白垩系和前白垩系，发育印支期花岗岩，具体情况描述如下。

（一）第四系（Q）

震中区内发育两条较大水系，即钦江流域和郁江流域，其中钦江流域斜穿整个震中区，少部分郁江流域位于震中区西北角。钦江流域第四系主要为主干河流及支流两侧河流阶地冲积层、罗阳山西麓洪积台地洪冲积层，前人对此地层的时代划分对比研究较少。郁江流域第四系主要为河流两侧Ⅰ级阶地（桂平组 Qhg）、Ⅱ级/Ⅲ级阶地（望高组 Qpw）。

1. 冲积层

震中区第四纪冲积层主要受钦江和郁江水系影响，即钦江、郁江水系及其相关支流两侧的河流阶地、河漫滩等。钦江起源于震中区灵山县平山镇灵东水库附近。沿江两岸河流Ⅰ级、Ⅱ级阶地发育完整，其中河流Ⅰ级阶地高1～2m，Ⅱ级阶地高3～5m。震中区Ⅱ级阶地多为宽阔平坦地貌，Ⅰ级阶地零星分布于河道两侧或单侧较低部位。钦江流域在灵东水库以东地区Ⅰ级、Ⅱ级、Ⅲ级阶地发育完整。在平山镇灵家村附近区域还可见Ⅲ级阶地上零星残余的Ⅳ级阶地。钦江水系在灵东水库西南段，河流Ⅰ级、Ⅱ级阶地发育完整，少见Ⅲ级、Ⅳ级阶地发育。郁江水系仅分布在震中区西北角，以Ⅰ级、Ⅱ级阶地为主。本章以叙述钦江流域河流冲积层为主。根据时代及地貌特征，将钦江Ⅳ级、Ⅲ级、Ⅱ级阶地分别划分为白沙组（Qpbs）、望高组第一层（Qpw^1）、望高组第二层（Qpw^2），Ⅰ级阶地划分为桂平组第一层（Qhg^1）、现代河床和河漫滩划分为桂平组第二层（Qhg^2）（图3.2）。

1）Ⅳ级阶地

该地层在震中区分布较少，为零星分散的残留Ⅳ级阶地堆积物，主要分布于震中区中部平山镇附近等地小丘上，海拔高度6～8m。阶地砾石、卵石分散，松散堆积，厚度较薄。以浅灰色、灰白色砾石为主，砾石分选一般，磨圆较好，胶结程度较低。根据时代及地貌特征，将钦江Ⅳ级阶地划分为白沙组（Qpbs），时代为中更新世。

第三章 震中区主要断裂活动性分析

年代地层			岩石地层			代号	柱状图 1:200	厚度/m	岩性描述
界	系	统	组	成因	层				
新生界	第四系	全新统	桂平组	冲积层	第二层	Qhg^2		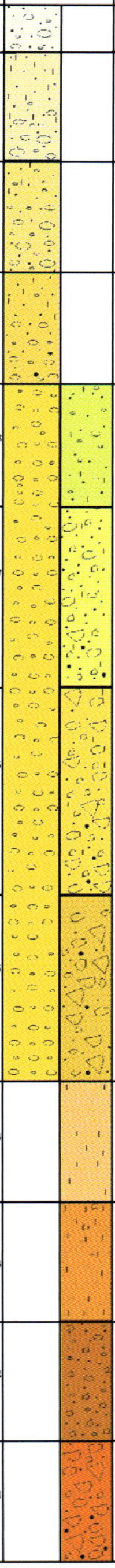 0.40~1.30	现代河漫滩砂、砾石混杂沉积物。砾石多为细—粗砾，砾径一般小于50cm，多为次棱角状—圆状，少椭圆扁平状，定向性差
					第一层	Qhg^1		0.69~1.82	具二元结构。由砂砾层-含砾砂层-黏土质砂层或含砾粗砂-细砂-黏土层组合。砾石一般为细—中砾，少有粗砾，砾径一般小于20cm，多为次圆—椭圆状、扁平状，具定向性。砂砾层中砾石含量多在60%以上。Ⅰ级阶地
		上更新统	望高组		第二层	Qpw^2		1.23~3.19	具二元结构。由砂砾层-含砾砂层-黏土质砂层或含砾粗砂-细砂-黏土层、黏土质砂砾层-砂质黏土层的岩性组合。砾石一般为细—中砾，少有粗砾，砾径一般小于20cm，多为次圆—椭圆状、扁平状，具定向性。砂砾层中砾石含量多在60%以上。Ⅱ级阶地
					第一层	Qpw^1		0.88~2.07	含黏土砂砾层、含砾砂质黏土层，黏土质砂层沉积组合。含黏土砂砾层略具正粒序和色带层理，为细、中砾及砂质混杂堆积，砾石含量约40%，砾径小于4cm，无定向性，磨圆度差；砂质含量约50%，黏土矿物一般出现在中上部，含量小于10%。Ⅲ级阶地
		中更新统	白沙组	洪冲积层	第八层	Qp^{pal8}		5.72~8.96	灰—灰黄色含砾砂质黏土层、黏土质砂砾层、黏土质砂砾层，各成分分布不均。砾石为次棱角—圆状细—中砾，往后缘砾石有变粗趋势，定向性差，局部地段具分带性
					第七层	Qp^{pal7}		7.40~10.44	浅灰色、灰白色砾石层。呈杂乱零星分布，较松散，基本上未胶结，厚度很薄，为Ⅳ级阶地残留物。以石英砾为主，其次为硅质岩砾，呈椭圆—次圆状，大小0.5~1cm不等。出露范围较小，零星分布，厚度很薄	灰色含砾砂质黏土层、黏土质砂砾层、黏土质砂砾层，各成分分布不均。砾石为棱角—次圆状细—中砾，少见粗砾，定向性差，局部地段具正粒序或分带性，前缘往后缘砂质增多，砾石渐粗
					第六层	$Qpbs$ / Qp^{pal6}		不详 8.52~12.97	粗—巨砾间夹岩块混杂堆积物，其间由细—中砾、砂质和少量黏土充填胶结。砾石、岩块多为棱角—次棱角状，定向性差，局部略有分带性。砾石含量一般在30%左右
					第五层	Qp^{pal5}		2.43~13.16	砾-岩块混杂堆积物，其间由细—中砾和砂质充填胶结，少黏土。砾石、岩块多为棱角状，少次棱角状，定向性差。砾石含量一般在40%左右
		下更新统			第四层	Qp^{pal4}		0.20~1.20	堆积物以棕黄色黏土为主，含量大于95%，少见硅质岩、硅质泥岩、棱角状细砾，堆积松散
					第三层	Qp^{pal3}		0.30~0.80	堆积物以棕黄色黏土为主，堆积松散，顶部覆盖少量花岗岩砾石，呈棱角—次棱角状
					第二层	Qp^{pal2}		0.55~5.00	砂质砾石层。砾石含量大于60%，砾石以花岗岩为主，含量少脉石英，棱角—次圆状，大小为2cm×3cm~40cm×50cm，以中、粗砾为主，具同成分的细砾、石英砂及黏土、铁质充填胶结，砾石分选性差，大小混杂堆积，略具定向性，长轴多与现代河谷流一致。纵向上略具正粒序，由下往上砾石变小，砂质、泥质增多
					第一层	Qp^{pal1}		0.80~6.00	堆积物以花岗岩巨砾石堆积为主，大小在1.5m×1m~50cm×30cm，棱角—次棱角状，分选差、磨圆差，棕黄色中粗砂胶结，松散

图 3.1 震中区第四纪地层综合柱状图

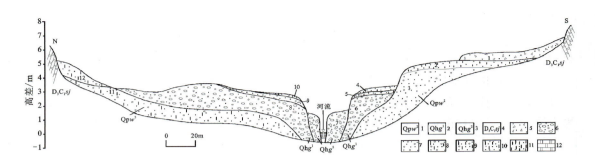

图3.2 尖山村第四系望高组(Qpw)—桂平组(Qhg)实测剖面图
1.望高组第二层;2.桂平组第一层;3.桂平组第二层;4.石夹组;5.残坡积层;6.砂砾层;7.砾质砂层;8.黏土质砾质砂层;9.含砾黏土质砂层;10.黏土质砂层;11.砂质黏土层;12.硅质岩

2) Ⅲ级阶地

该层分布比Ⅳ级阶地范围广,主要分布在震中区灵东水库北东夏塘村、灵家村、平山中学一带(图3.3),为河道两侧Ⅲ级阶地。地貌上为坡地或岗地,高出现代河水面3~6m,自上游往下游高差增大。在夏塘村一带,平台高出河水面约3m,形成堆积阶地,具二元结构。下部为砂砾层或黏土质砂层,上部为灰—灰黄色砂质黏土层。顶部多有洪—坡积物混杂。在灵家村一带,平台高出河水面约5m,为基座阶地,基底为硅质岩、细—中粒黑云二长花岗岩,上覆砾砂质黏土层冲积物厚度10多厘米至数十厘米。局部下部有厚约30cm的褐黄色、灰黄色含砾砂层。平山中学一带,平台高出河水面约6m,呈狭长阶梯带状,可见沉积物厚0.6~2.5m,为灰黄色、褐黄色、褐红色砾质砂层、含砾黏土砂层、砂质黏土层;整体上纵向上略具正粒序,局部具网纹状纹层,横向上自上游往下游砂、砾减少,黏土增多。根据时代及地貌特征,将钦江Ⅲ级阶地划分为望高组第一层(Qpw^1),该层时代为晚更新世早期。

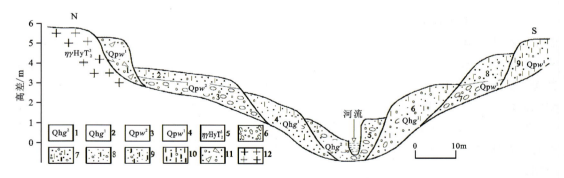

图3.3 广西灵山县灵家村第四系Ⅲ级阶地望高组(Qpw^1)实测剖面图
1.桂平组第二层;2.桂平组第一层;3.望高组第二层;4.望高组第一层;5.中三叠世花岗岩;6.砂砾层;7.黏土质砂砾层;8.含黏土含砾砂层;9.含砾黏土质砂层;10.含砾砂质黏土层;11.含角砾砂砾层;12.细中粒黑云二长花岗岩

3) Ⅱ级阶地

该层在震中区钦江流域两侧发育完整,为河流Ⅱ级阶地,时代为晚更新世。灵东水库北东主要分布于灵东水库至夏塘村北东向主河谷两侧,在山村东部河谷有小面积出露。主河谷两侧平台面一般高出河水面 3～5m，一般在 4～5m 之间，海拔高度 100～185m。河谷北岸、北西岸总体较南岸、南东岸低 0.4～1m；可见沉积厚度多在 1.2～1.9m 之间，具二元结构：下部为砂砾层或黏土质砂层，上部为灰—灰黄色砂质黏土层、含砾砂质黏土层。

在尖山村至灵家村一带顶部多混杂有洪—坡积物（图 3.4），在平山中学一带则为单一的砂砾层，含少量黏土和较大砾石。Ⅱ级阶地堆积物厚约 2m，分布较广；山村东部河沟为含砂黏土层，而在尖山村南部北西向支流其沉积厚度近 3m，可见由 4 个完整沉积旋回组成的二元结构，或是砂砾层—含黏土砾质砂层，或是含砾砂层—含砂黏土层、黏土质砂层，自下往上旋回之间或层内均具正粒序；下部两个旋回多含磨圆度较好的卵石，具定向性，多倾向下游或与河道呈低角度相交，上部两个旋回则少见卵石；旋回之间层理清楚，倾向支流下游（约 270°），倾角 5°～10°。

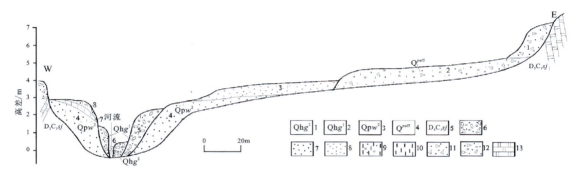

图 3.4　广西灵山县尖山村第四系Ⅱ级阶地望高组第二层（Qpw²）实测剖面图
1. 桂平组第二层；2. 桂平组第一层；3. 望高组第二层；4. 洪积层第五段；5. 石夹组；6. 砂砾层；7. 粗砂层；8. 细砂层；9. 砂砾黏土层；10. 黏土层；11. 残坡积层；12. 角砾黏土质砂砾层；13. 硅质岩

灵东水库西南沿钦江流域Ⅱ级阶地发育广泛，河道两侧面积较大，大部分已经被改造成农田。海拔高度 2～5m，有逐渐降低的趋势。在元眼村到汉塘村，Ⅱ级阶地海拔高度 4～5m，整体呈正常粒序，下部砂砾层，往上粒径变小，为砾砂层，局部夹薄层细砂，厚约 1.2m，其海拔高度较灵东水库东北Ⅱ级阶地低。汉塘到新民村，Ⅱ级阶地海拔高度较低（2～3m）。钦江流域在震中区新民村西南段，Ⅱ级阶地海拔高度相对增高，特别是在灵山县城段达到最大，整个灵山县城基本就坐落在Ⅱ级阶地上，在灵山县城西南，Ⅱ级阶地海拔高度降低。根据时代及地貌特征，将钦江流域Ⅱ级阶地划分为望高组第二层（Qpw²），时代为晚更新世晚期。

4）Ⅰ级阶地

该层在震中区钦江流域两侧分布较广，为河流Ⅰ级阶地，较开阔河谷中均可见，但不连续。在灵东水库—夏塘村一带，河谷两侧平台面一般高出河水面 1～3m，一般在 2～3m 之间，海拔高度 99～175m。河谷北岸、北西岸总体较南岸、南东岸低 0.4～1m；可见沉积厚度多在 1.5～1.8m 之间。具正粒序或二元结构：下部为卵石层、砂砾层或黏土质砂层；上部为褐黄色砾质砂层、灰—灰黄色砂质黏土层、含砾砂质黏土层。

在新庄村一带(图3.5)可见上、下部之间有厚1~2cm的褐黄色铁锰质层。大化村、平山中学南部一带,沉积物较为单一,为灰—深灰色砂质黏土层、含砂黏土层。灵东水库东南一带,为水库淹没区,表层多为砂质黏土层。灵东水库元眼村附近,河谷两侧阶地面高出水面约1.5m,二元结构明显,从下到上依次为①砂砾层,②砂土层。

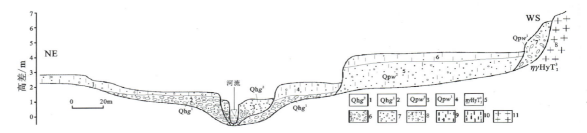

图3.5　广西灵山县新庄村第四系Ⅰ级阶地桂平组(Qhg^1)实测剖面图
1.桂平组第二层;2.桂平组第一层;3.望高组第二层;4.望高组第一层;5.中三叠世花岗岩;6.砂砾层;7.细砾质砂层;
8.黏土质砂砾层;9.含砾砂质黏土层;10.含砂黏土层;11.细中粒黑云二长花岗岩

在灵山县城附近,由于河谷经过改造,Ⅰ级阶地少见,往南西方向至李子局附近,河谷两侧Ⅰ级阶地较发育,大部分高出河面1.5m左右,主要为砂砾层,二元结构不明显,具多次粒序沉积旋回。

该层^{14}C测年值为(2630±30)~(20±30)a,时代为全新世。根据时代及地貌特征,将钦江流域Ⅰ级阶地划分为桂平组第一层(Qhg^1)。

在石塘、乐民、百合等地,发育小型盆地,盆地内地势平坦,广泛分布郁江支流Ⅰ级阶地,以砂砾层、砂、砂土为主,高度1~1.5m。根据时代及地貌特征,将郁江支流Ⅰ级阶地划分为桂平组第一层(Qhg^1),该层厚0.69~1.82m。光释光测年值为(2.6±0.4)~(0.2±0.0)ka,时代为全新世晚期。

5)河漫滩及心滩

河漫滩及心滩分布较广,在各河流较开阔河谷中均可见,为现代河漫滩沉积物,一般高出河水面0~1.3m,宽度多在数米至十多米之间,在灵东水库一带已被淹没,局部于狭窄峭壁河段缺乏沉积。海拔高度99~170m。岩性变化大,多为砾石层、砂砾层、砂质层、含砾砂质黏土层,或砂、砾、黏土混杂堆积,胶结松散。一般自上游往下游砾石减少,砾径变细,磨圆度、分选性变好;砂质分布于中上游居多,如尖山至平山林场一带;黏土主要分布于中下游,如平山中学至灵东水库一带,少见有砾径大于5cm的砾石,多为淤泥、粉砂质黏土。局部地段可见具二元结构,上覆含砾砂质黏土层或含砾砂层,如平山中学至高垌村一带。在灵山县城附近黄屋水等地河漫滩高1~1.2m,从下到上,依次为①砾石层,②黏土含砂层,③砂砾层。中部还夹一层现代螺、贝壳残骸。附近河道局部还发育心滩,高度比河漫滩稍低。将钦江河漫滩、心滩划分为桂平组第二层(Qhg^2)。该层时代为全新世晚期。

2. 洪冲积层

震中区洪冲积层仅在罗阳山西北麓发育,与震中区冲洪积层范围一致(后面详述),主要分布于震中区中部平山镇新庄村东部、高塘村南部、校椅麓南部及高垌村、尖山村一带山涧沟谷、山前河口及山坡下部。主要岩性为砾石、砂砾层夹砂土层、黏土层,其成分与山体基岩相一致,厚度在数米至数十米之间;砾石大小混杂,分选性、磨圆度一般较差,局部稍好。横向上一般具有由前缘往后缘粒度变粗、磨圆度渐差、黏土减少的分带性;垂向上局部具二元结构。堆积物在山涧沟谷呈带状,往山前河口过渡为不规则扇状、舌状,一般延伸 300~500m;地形上较平坦,由后缘往前缘缓倾斜;地貌上呈阶坎状岗地或台地,原地貌多为人类生产活动改造。根据不同地貌和岩性组合特征,将洪冲积层划分为 8 个分层。该层时代推测为早更新世到中更新世,其中第五层—第八层(图 3.6)为中更新世;第一层—第四层为早更新世。

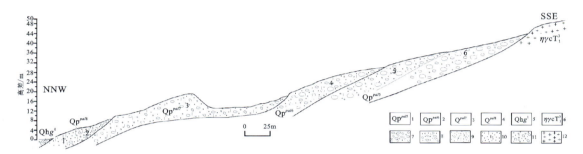

图 3.6　广西灵山县高塘村第四系洪冲积层(Q^{pal})实测剖面图

1.洪冲积层第五层;2.洪冲积层第六层;3.洪冲积层第七层;4.洪冲积层第八层;5.桂平组第一层;6.中三叠世花岗岩;7.洪积砾石层;8.含黏土砂质砾石层;9.黏土质砂砾层;10.含砾黏土砂层;11.冲积砂砾层;12.细中粒黑云二长花岗岩

3. 地层时代及对比

由于震中区内发育两条较大水系,即钦江流域和郁江流域,其中钦江流域斜穿整个震中区,主要分布于震中区(后述)内,少部分郁江流域位于震中区西北角。第四系主要有钦江流域和郁江流域及其支流两侧河流阶地冲积层、罗阳山西麓洪积台地洪冲积层。郁江流域在震中区分布也较少,在这里不做讨论,本节仅讨论分析和对比钦江流域第四系发育情况。

1)冲积层

(1)白沙组(Qpbs)

由于震中区内第四系白沙组为Ⅳ级阶地残留物,沉积物厚度较薄,采集的光释光样品测年值与地层实际年代偏差较大,样品测年值代表性较差。据 1∶50 000 龙江镇等幅区域地质调查资料(广西壮族自治区地质研究所,1990),在邻区南宁市二塘、朝阳园艺场、里美、杨村、槎路一带,白沙组地貌上为河流Ⅳ级阶地,其沉积物上部为棕红色局部夹灰白色斑状亚黏土、黏土,含铁锰质结核,下部为黄色、黄褐色砂砾石层局部夹数层砂层。该组产 *Aster*、*Graminae*、*Artenisia*、*Compossitae*、*Adiantum*、*Microlepia*、*Polypodium*、*Hicriopteris*、*Concentricystes*、*Alnus*、*Pinus* 等孢粉化石。在该组Ⅳ级阶地中,获热释发光测年值为(259±16)~(160±16)ka,古地磁测年值为 0.37Ma,热释发光测年值为(75.2±5.4)ka/(271.4±19.8)ka。白沙组时代为晚更新世早期—中更新世晚期。震中区内白沙组与邻区相同层位进行年代对比,其地质年代推测为中更新世。

(2) 望高组第一层(Qpw^1)和望高组第二层(Qpw^2)

望高组第一层由Ⅲ级阶地沉积物组成。下部为砂砾层、砾质砂层、含砾黏土砂层或黏土质砂层,上部为灰—灰黄色砂质黏土层。本次在Ⅲ级阶地细砾层中采集光释光样品(LJT3-17-1)的测年值为(6.8±0.9)ka/(17.1±2.6)ka。望高组第二层由Ⅱ级阶地沉积物组成。下部为砂砾层或黏土质砂层,上部为灰—灰黄色砂质黏土层、含砾砂质黏土层。在Ⅱ级阶地下部砂砾层采集光释光样品的测年值分别为(7.0±na)ka/(7.1±0.4)ka、(5.0±0.4)ka/(5.0±0.3)ka、(17.1±1.7)ka/(29.3±7.2)ka。

据1∶50 000龙江镇等幅区域地质调查资料(广西壮族自治区地质研究所,1990),在邻区南宁市区及郊区武康村、那洪、沙井、江西、石埠、良庆、苏圩、吴圩、阳明农场、横县县城、伶俐等村镇的河流两岸Ⅱ级、Ⅲ级阶地,沉积物下部为灰白色、黄色、紫红色等杂色砂砾层、砾石层;上部为灰色、深灰色砂土层、含砂砾黏土层、黏土层。产孢粉化石组合以木本植物为主。木本植物化石以 *Castanopsis*、*Pinus*、*Rutaceae*、*Altingia*、*Quercus*、*Cyclobanlopsis* 为主,其次有 *Sapotaceae*、*Hamelidaceae*、*Rosa-ceae*、*Myrtaceae*、*Euphorbiaceae*、*Corylus*、*Olmus*、*Laguminnosae*、*Picea* 等;草本植物化石主要为 *Tricolpites*、*Saururus*;蕨类植物化石有 *Adiantum*、*Polypodaiceae*、*Pteris* 等。在Ⅲ级阶地获热释发光测年值为(151.2±11.3)~(54.3±3.6)ka,其时代为晚更新世早—中期。在Ⅱ级阶地,采集7个^{14}C同位素测年样品,其年龄值在40~(23.6±1.4)ka之间,古地磁分析为哥德堡事件,其时代为晚更新世晚期。

研究区内望高组第一层获光释光测年值为(6.8±0.9)ka/(17.1±2.6)ka,与邻区相同层位Ⅲ级阶地获热释发光测年值[(151.2±11.3)~(54.3±3.6)ka]进行年代对比,两者时代有所差异,但对照中国第四纪地层表,填图区内望高组第一层时代为晚更新世早期。

望高组第二层获光释光测年值分别为(7.0±na)ka/(7.1±0.4)ka、(5.0±0.4)ka/(5.0±0.3)ka、(17.1±1.7)ka/(29.3±7.2)ka,与邻区相同层位Ⅱ级阶地[获^{14}C同位素年龄值在40~(23.6±1.4)ka之间及古地磁为哥德堡事件]进行年代对比,并对照中国第四纪地层表,望高组第二层时代为晚更新世晚期。

(3) 桂平组第一层(Qhg^1)

桂平组第一层由Ⅰ级阶地组成。下部为卵石层、砂砾层或黏土质砂层,上部为褐黄色砾质砂层,灰—灰黄色砂质黏土层、含砾砂质黏土层。在Ⅰ级阶地下部砂砾层采集光释光样品,其光释光测年值分别为(1.6±0.2)ka/(2.6±0.4)ka、0.2ka/(0.4±0.1)ka、0.2ka/(0.6±0.1)ka。

据1∶50 000龙江镇等幅区域地质调查资料(广西壮族自治区地质研究所,1990),在邻区南宁市吴圩、苏圩、阳明农场、坛洛、横县县城、那阳、马岭、百合、校椅、云表、灵竹、六景官山村、伶俐、合浦县城、西坡村、石康、常乐、防城港市防城区、浦北县泉水、钦州市小董等村镇河流两岸的Ⅰ级阶地及心滩、河漫滩,沉积物下部为黄褐色、浅褐色、灰白色砾石层、砂砾层、含砾砂层、粗—细砂层;上部为灰黑色、黄褐色、黄色、灰黄色、灰色、紫红色含砾砂层、砂土层、粉砂层、含砾砂黏土层、砂质黏土层、亚黏土及黏土层,局部夹黑褐色泥炭。孢粉组合以木本植物为主,还有草本植物、蕨类、藻类及苔藓孢子。孢粉有 *Pinus*、*Castanopsis*、*Costanea*、*Rutaceae*、*Lycopodium*、*Onychium*、*Adiantum*、*Coniogramme* 等。在南宁市三兴村南及老口圩西邕江边Ⅰ级阶地内发现人类活动文化层。热释发光测年值为(16.5±1.3)~(13.6±1.0)ka,^{14}C测年值为(10.12±0.14)~(9.15±0.32)ka。

填图区内桂平组第一层获^{14}C测年值为(2630±30)~(20±30)a,光释光测年值分别为(1.6±0.2)ka/(2.6±0.4)ka、0.2ka/(0.4±0.1)ka、0.2ka/(0.6±0.1)ka,与邻区相同层位Ⅰ级阶地^{14}C测年值、热释光测年值、古生物化石指示年龄等进行对比,并参照中国第四纪地层表,桂平组第一层时代为全新世早期。

(4)桂平组第二层(Qhg^2)

桂平组第二层为现代河漫滩沉积物。岩性为砾石层、砂砾层、砂质层含砾砂质黏土层,或砂、砾、黏土混杂堆积,胶结松散。由于该层厚度较薄,本次未采集测年样品,其时代暂推测为全新世晚期。

2)洪冲积层

(1)洪冲积第一层(Qp^{pal1})

洪冲积第一层分布于Ⅷ级平台,海拔高度195~205m。堆积物以花岗岩巨砾堆积为主。由于该层厚度较薄,本次未采集测年样品。与洪冲积第二层分布海拔高度进行对比,其平台高于洪冲积层第二层的Ⅶ级平台,其时代应早于洪冲积第二层,推测其时代为早更新世早期。

(2)洪冲积第二层(Qp^{pal2})

洪冲积第二层分布于Ⅶ级平台,海拔高度150~197m。堆积物为砂、砾和黏土混杂堆积物,略具下粗上细的二元结构。下部为砂质砾石层;上部为含砾砂质黏土层,胶结松散。在砂砾层采集光释光样品测年值分别为(62.9±7.7)ka/(109±9)ka、(8.2±0.8)ka/(9.5±0.6)ka、(7.2±0.7)ka/(9.4±0.7)ka。该层测年值偏新,可靠程度较低。

由于堆积物厚度较薄,光释光测年值变化较大、偏新,测试结果没有代表性。该层与洪冲积第三层分布海拔高度进行对比,其Ⅶ级平台高于洪冲积第三层的Ⅵ级平台,其时代应早于洪冲积第三层,推测其时代为早更新世中期。

(3)洪冲积第三层(Qp^{pal3})

洪冲积第三层分布于Ⅵ级平台,仅有小面积残留,海拔高度138~142m。堆积物以棕黄色黏土为主,堆积松散,顶部覆盖少量花岗岩砾石;下部见硅质岩、泥岩基岩。该层采集光释光样品测年值分别为(6.9±0.9)ka/(13.8±1.6)ka。

由于堆积物厚度较薄、分布零星,光释光测年值偏新,测试结果没有代表性。该层与洪冲积第四层分布海拔高度进行对比,其Ⅵ级平台高于洪冲积层第四层的Ⅴ级平台,其时代应早于洪冲积第四层,推测其时代为早更新世晚期。

(4)洪冲积第四层(Qp^{pal4})

洪冲积第四层仅在高垌村南部山地有小面积残留,形成Ⅴ级平台,海拔高度130~137m。堆积物以棕黄色黏土为主,少见硅质岩、硅质泥岩、棱角状细砾,堆积松散。该层采集光释光样品进行光释光测试,其测年值为(7.7±0.5)ka/(9.6±0.9)ka。由于堆积物厚度较薄、分布零星，光释光测年值偏新，测试结果没有代表性。该层与洪冲积第三层分布海拔高度进行对比，其Ⅴ级平台低于洪冲积第三层的Ⅵ级平台，其时代应晚于洪冲积第三层，推测其时代为早更新世末期。

（5）洪冲积第五层—第八层（Qp^{pal5}～Qp^{pal8}）

洪冲积第五层—第八层连续分布于罗阳山北麓之高垌、校椅麓、高塘一带的沟谷两侧，总体上呈凸出的3个舌状体，每个舌状体形成4个向前倾斜的平台（Ⅳ级、Ⅲ级、Ⅱ级、Ⅰ级平台）。堆积物来源充足，舌状体厚度较大，表现为前缘堆积较细，以含黏土砂质砾石层为主，厚度相对较薄；后缘较粗，以砾石层为主，厚度相对较厚。

洪冲积第五层分布于Ⅳ级平台，海拔高度128～152m，以砾石混杂堆积物为主，间杂有少量砂质、黏土，具分带性，前缘为含黏土砂质砾石层，后缘为砾石层。该层没有采集测年龄样进行测试。

洪冲积第六层分布于Ⅲ级平台，海拔高度120～140m，主要为砂质、砾石混杂堆积物，含少量黏土，局部间杂有岩块，无定向性。

洪冲积第七层分布于Ⅱ级平台，海拔高度112～132m，主要为砂质、砾石、黏土混杂堆积物。

洪冲积第八层分布于Ⅰ级平台及新庄、尖山村一带，海拔高度110～125m，主要为黏土、砂质混杂堆积物。由于沉积物较薄，样品可能有外来碳加入，在Ⅰ级平台下部含砾砂层采集 ^{14}C 样品测年值偏新，测试的3个样品 ^{14}C 测年值没有代表性。经与流河成因的Ⅳ级阶地白沙组的沉积物结构、地貌特征、海拔高度等进行对比，洪冲积第五层—第八层的时代暂时推测与白沙组年代相当，为中更新世，其中洪冲积第五层为中更新世早期，洪冲积第六层为中更新世中期，洪冲积第七层为中更新世晚期，洪冲积第八层为中更新世末期。

（二）白垩系（K）

区域白垩系为一套陆相断陷盆地沉积，主要出露下白垩统（图3.7）。下白垩统自下而上分为新隆组和大坡组。新隆组下部为砾岩夹砂岩或砾状砂岩、泥岩或泥质粉砂岩；中部为紫红色细砂岩、粉砂岩和泥岩；上部为紫红色粉砂岩、泥岩夹黄褐色泥质岩、细砂岩，局部夹含砾砂岩。该组地层厚度大于3000m。大坡组岩性在横向和纵向上变化都较大，底部为紫红色块状砾岩、含砾砂岩及砂岩；下部为紫红色砂岩、泥质岩；上部为粉砂岩、泥质粉砂岩夹砂岩，局部夹砂砾岩。大坡组厚度大于3000m。

（三）前白垩纪地层（AnK）

震中区前白垩纪地层主要发育奥陶系、泥盆系、石炭系，局部发育寒武系、志留系、二叠系等，未见古近系、新近系（图3.8）。震中区出露的岩浆岩为早—中三叠世花岗岩，局部零星出露燕山期石英正长岩及石英二长斑岩。根据前人综合研究，区域上早三叠世岩体分为7期侵入岩，本区至少出露3期。

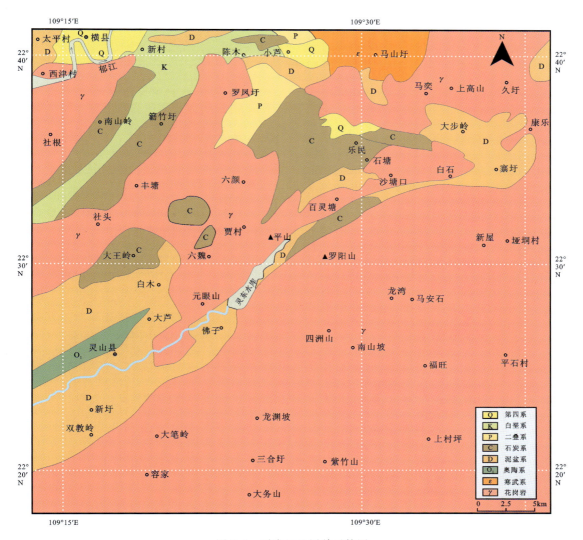

图 3.7 震中区地层单元简图

二、地质构造

震中区位于钦州海西褶皱带内,灵山褶断带的东北端。区内出露有奥陶系、志留系、泥盆系、石炭系、二叠系、侏罗系、白垩系、古近系、第四系等,岩浆岩有印支期花岗岩。构造线以北东向为主导。经过历次构造运动,古生界形成较紧密的线状褶皱,但多被断裂破坏极不完整。侏罗系、白垩系为平微褶曲,古近系为平缓单斜构造。

在区域布格重力异常图上,震中区为北北西向和近东西向异常交会区、近东西向的梯度带;在 40km×40km 滑动平均布格重力异常图上,震中区位于北西向异常转为北东向异常的转折部位;在上延 30km Δg 二阶导数等值线平面图上,震中区位于北东—北东东向正、负异

系	统	组(段)		符号	柱状图	厚度/m	岩性描述及化石
第四系	全新统			Qh		1~6	砂砾石、砂、砂土
	更新统			Qp		5~12	砾石、砂、砂土
新近系							
古近系							
白垩系	下统	新隆组	上段	K_1x^2		2418	紫红色、褐棕色粉砂岩夹泥质粉砂岩、砂砾岩和含砾砂岩透镜体，底部花岗质砾岩
			下段	K_1x^1		490	粉砂岩、粉砂质泥岩，局部(籥竹-古凡地区)夹假鲕状、假豆状含铁锰质灰岩(碳酸锰矿)透镜体，底部紫红色、灰色砾岩、砂砾岩
侏罗系							
二叠系	上统	上组		P_2^b		767	罗凤地区：上部粉砂岩、砂岩夹泥岩、一层硅质岩。下部褐黄色、棕红色砾岩、砂砾岩、砂岩。城隍地区：黄色、灰黄色粉砂岩、砂岩、含砾砂岩夹泥岩、页岩
		下组		P_2^a		1241	灰绿色、灰色、褐黄色泥岩、粉砂质泥岩、泥质粉砂岩、砂岩夹含砾粗砂岩，底部含砾粗砂岩。产双壳类、植物化石。灰色、深灰色泥岩、粉砂质泥岩、硅质岩夹铝土岩及透镜体状煤。产鲢叶贝、鲢化石
	下统	茅口组		P_1m		>350	灰色、灰白色厚层—块状灰岩，顶部白云质灰岩。产新希瓦格鲢、费伯克鲢、假桶鲢、矢部鲢等化石
		栖霞组					
石炭系	中统	黄龙组		C_2h		>487	浅灰色、灰白色厚层—块状灰岩夹假鲕状灰岩、生物灰岩、白云质灰岩及燧石结构条带灰岩。产假史塔夫鲢、小纺锤鲢、原小纺锤鲢等化石
	下统			C_1		>611	城隍地区：中上部灰色、灰黄色硅质岩、泥质硅质岩、生物硅质岩、假鲕状灰岩夹灰岩、白云质灰岩夹硅质岩、砂岩页岩，产似棚珊瑚、曲管柱珊瑚、小马丁贝、扇房贝、始史塔夫鲢等化石。北东相变为灰岩、假鲕状灰岩、白云质灰岩夹硅质岩、砂岩页岩，产似棚珊瑚、曲管柱珊瑚、小马丁贝、扇房贝、始史塔夫鲢等化石。紫色、灰黄色硅质岩、生物硅质岩夹泥质硅质岩、页岩及灰岩透镜体，产小马丁贝、网格长身贝、始唱贝等化石
泥盆系	上统	上组		D_3^b		841 >525	灵山地区：紫色、黑色含铁锰质硅质岩，常形成次生硬锰矿、褐铁矿。产腕足类化石 石塘—城隍地区：灰黄色、浅灰色、棕色、灰黑色硅质岩、含铁锰质岩夹硅质岩、硅质泥岩
		下组		D_3^a		>378	灰色、深灰色硅质岩夹灰白色生物硅质岩、薄层粉砂岩。产弓石燕化石	灰色、黄色硅质岩、硅质泥页岩、泥灰岩，局部夹碳硅质
	中统	东岗岭组		D_2d		>754	上部灰色、深灰色厚层白云质灰岩，下部深灰色厚层白云岩夹灰色块状灰岩。局部含白云质、碳质、沥青质。产鸭头贝化石
		郁江组	上段	D_2y^2		>745 400	博白地区：灰色、浅灰色泥质粉砂岩、细砂岩紫红色页岩，靠下部为含砾细砂岩。产竹节石化石	灵山地区：上部浅灰色薄层泥质硅质岩；中部灰色泥质灰岩、泥灰岩。产小壳房贝、镜眼虫化石；下部灰色、浅灰色粉砂岩、碳质页岩。上部灰色、灰绿色泥页岩夹砂岩、碳质页岩；下部灰白色泥质页岩。产王氏古淮石燕化石
			下段	D_2y^1		120		
	下统	莲花山组		D_2l		280	上部紫红色中—薄层泥质粉砂岩；下部灰白色、紫红色厚层细砂岩、含砾粗粒石英砂岩；底部砾岩
志留系	下统	下组		S_1^a		>1253	以灰色、灰绿色粉砂岩、泥质粉砂岩为主，细砂岩次之，夹砾岩，透镜状灰岩。沙河地区变成千枚岩。产盘旋半耙笔石、尖笔石等化石
奥陶系	下统			O_1		>1326	上部灰色粉砂岩夹透镜状灰岩；下部灰色、灰黑色、粉砂质页岩、千枚状页岩。产剑形三角笔石小型变种、辐射笔石等化石
寒武系	上组	上段		ϵ_c^2		>749	灰色、灰白色、灰绿色粉砂岩、粉砂质泥岩、泥质粉砂岩、细粒长石石英砂岩及透镜状灰岩，底部异粒长石石英砂岩。产原海绵骨针化石
		下段		ϵ_c^1		>1735	灰绿色、黄绿色厚层粉砂质泥岩夹灰色、深灰色页岩、云母质粉—细砂岩、粉砂质泥岩。区内未见底。产原始海绵骨针化石

图 3.8　震中区地层柱状图

常的交变带上。在航磁异常 ΔT 平面图上,震中区位于北东向串珠状异常带和北西向磁力高的交会处。在航磁 ΔT 平均异常图上,震中区位于南北向与东西向宽缓异常的交会处。地球物理场较复杂,从区域上看,北东向的重力异常梯度带和北东向的航磁异常带都斜穿震中区。

震中区的地质构造演化史始于奥陶纪。加里东期为冒地槽沉积环境,发育类复理石砂页岩、碎屑岩建造,同时北东向断裂开始发育。晚志留世末的广西运动(加里东运动),褶断带雏型形成,但未结束地槽环境。海西期仍为冒地槽沉积,发育了类复理石硅质岩、碳酸盐岩、碎屑岩建造。早二叠世末的东吴运动,结束了冒地槽沉积环境,岩层褶皱隆起,褶断带进一步完善。印支期,强烈的断裂活动和大规模的岩浆活动是该时期主要构造活动形式。断块强烈隆起,区内没有接受三叠纪沉积。大量岩浆岩以岩基形式侵入,形成浦北岩体(包括罗阳山岩体和东山岩体)。燕山期以断裂活动为主,断块差异运动明显,在震中区西南三隆—陆屋一带和西北南乡一带,形成断陷或断拗盆地,盆地内堆积了含煤建造和类磨拉石含膏盐红色建造。北西向和南北向断裂在此时期形成。经过印支运动和燕山运动,褶断带完全成型,断块隆起和断陷的格局形成。喜马拉雅构造,以间歇性升降运动和断块差异运动为主要构造运动形式,近东西向断裂在此时期形成。古近纪在烟墩北,断陷作用形成断陷盆地,盆地内堆积了数百米山麓相类磨拉石建造和湖相碎屑岩建造。古近纪后,地壳以隆起为主,缺失渐新统、新近系。第四纪,地壳以间歇性抬升运动为主,伴有断裂活动,形成一些小型谷地或断陷谷地,谷地内堆积有砂砾黏土建造。

三、地貌和新构造运动

震中区有3种基本地貌形态类型,即山地地貌、丘陵地貌和平原谷地地貌。山地分布在南部,丘陵分布在北部,平原谷地分布在中部。地势由东南往西北,由山地、丘陵向平原谷地逐渐降低。南部的罗阳山主峰高程为869.5m,是震中区最高处;其次是东山,其主峰高程为714.9m。山地高程在500~900m之间,属中低山地。丘陵高程为120~440m,多为平缓丘陵。钦江平原谷地高程为40~100m,由东北往西南逐渐降低。

地壳间歇性抬升运动和由断裂活动引起的断块差异运动是震中区新构造运动的主要形式。北东向的防城—灵山断裂带的活动,形成北东向断块隆起和断陷,造就了"两隆夹一陷"的新构造格局,两侧分别为罗阳山断块隆起和东山断块隆起,中间为钦江断陷谷地。断块山呈北东走向。由于间歇性抬升运动,新近纪在丘陵区形成240~280m、140~180m两级夷平面,在山地区则形成500~550m、350~400m两级剥夷面。在钦江谷地形成Ⅲ~Ⅳ级河流阶地,在山前形成Ⅲ~Ⅵ级洪积阶地。罗阳山强烈抬升而产生的掀斜作用,使钦江河床和阶地从上游往下游,高度急剧降低,阶地级数减少,在三隆以下缺失Ⅰ级阶地。Ⅰ级阶地为堆积阶地,属全新世。Ⅱ级阶地多数为侵蚀阶地,少数为基座或堆积阶地,据同位素测试,其年龄为(82.4±8.2)ka,属晚更新世。Ⅲ级以上阶地为侵蚀阶地。Ⅲ级阶地的年龄为228~218ka,属中更新世晚期。Ⅳ级阶地年龄应早于中更新世晚期。

第二节　主要断裂活动性分析

震中区断裂构造发育,北东向、北西向、近东西向、近南北向均有。主要的北东向断裂是防城-灵山断裂带中段的一部分,由南西往北东斜穿震中区,主要断裂有灵山断裂(f_{1-1})、石塘断裂(f_{1-2})、那银断裂(f_{1-3})、丰塘断裂(f_{1-4})、六陈-北市断裂(f_{1-9})和民乐-双凤断裂(f_{1-10}),其余的北东向断裂还有簕竹断裂(f_{1-6})、替格断裂(f_{1-11})和三合断裂(f_{1-12})。主要的北西向断裂是巴马-博白断裂带的组成部分,主要断裂有焦根坪-友僚断裂(f_{8-1})、寨圩-六银断裂(f_{8-2})、塘坡断裂(f_{8-3})、佛子断裂(f_{8-4})和新圩断裂(f_{8-5})。近东西向断裂和北东东向断裂比较少,主要有板露断裂(f_{1-5})、西津-百合断裂(f_{1-7})和容家断裂(f_{1-13}),规模较大。近南北向断裂主要分布在罗阳山区,主要有浦北-寨圩断裂(f_{1-8})、龙渊坡断裂(f_{8-6})、大水口断裂(f_{8-7})、泗洲断裂(f_{8-8})(图3.9)。下面对主要断裂的状况进行概述。

1. 灵山断裂(f_{1-1})

灵山断裂南起那隆南,向北东经坛圩东南、新圩、佛子、平山,沿罗阳山北麓延伸,在寨圩附近被北西向的寨圩断裂错断。从断裂和地貌的关系看,灵山断裂可以分为两段。那隆南到佛子镇之间称为灵山断裂南段,断裂主要发育在古生代粉砂岩中,个别地点错断印支期花岗岩,地貌上不构成山地和灵山侵蚀盆地的分界线,断裂两侧没有明显的地形高差。佛子镇到寨圩之间称为灵山断裂北段,灵山断裂沿罗阳山北麓山前发育,地形高差明显。

灵山断裂南段:该断裂自东兴马路镇向南西延伸出区域,向北东东70°～80°延伸至防城北侧的上竹山,拐向北东40°～50°延伸,经过钦州平吉、灵山浦北寨圩,与垌中-小董断裂斜接,全长大于180km。沿断裂两侧,岩石普遍受强烈挤压,砾石普遍压扁拉长形似尖棱状,常见挤压构造透镜体及糜棱岩化,片理化明显。断裂控制了平吉、陆屋中—新生代沉积盆地的东南边界,地貌上线性特征较为明显。切割白垩系、古近系,造成紧闭的不对称褶皱,褶皱的东南翼直立,甚至倒转。断面倾向北西,倾角69°,属正断性质。断裂形成于加里东期,印支运动断裂活动最为强烈,东南盘向北西挤压,两盘岩层片理化明显,发育紧闭同斜褶皱。

在陆屋钦陆公路旁龙塘口附近露头可见该断裂早期活动痕迹,露头断裂走向70°,倾向340°,倾角62°(图3.10),上盘断面较光滑(图3.11),表面有起伏,断面附近可见泥灰岩挤压透镜体(图3.12),断层泥已固结。从断面特征及断裂带中物质来看,该断裂早期运动性质为逆断。

在龙楼村附近露头(图3.13～图3.15),断层上盘为棕黄色砂岩,下盘为紫红色粉砂岩,上盘较完整,局部可见牵引构造,岩层发生弯曲变形,下盘紫红色砂岩碎裂化。断层带内物质片理化,具有明显的定向。根据整体判断,该断层早期表现为逆断。

第三章 震中区主要断裂活动性分析

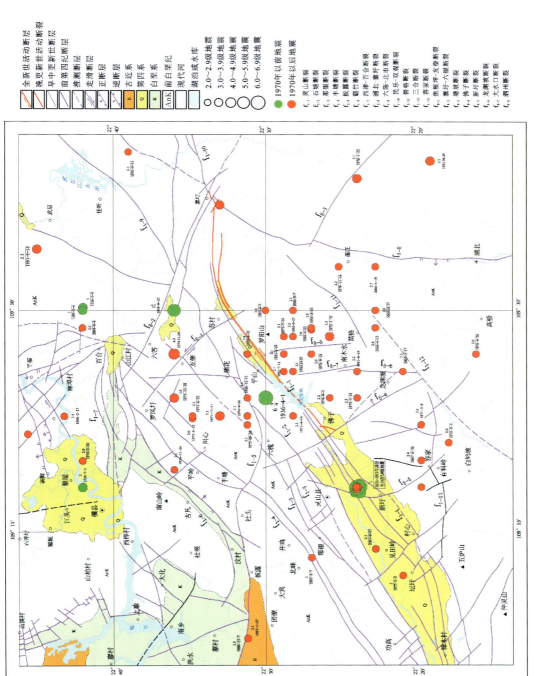

图 3.9 震中区地震构造图

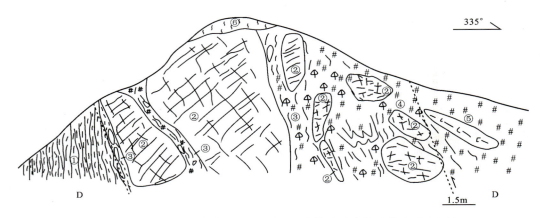

①砂岩夹泥岩；②构造透镜体；③劈理化带夹透镜体；④破碎带；⑤煤层；⑥残积层
图 3.10　陆屋钦陆公路旁龙塘口露头剖面图（剖面方向 335°）

图 3.11　断面发育情况（镜向 245°）

图 3.12　透镜体及劈理化带发育情况（镜向 245°）

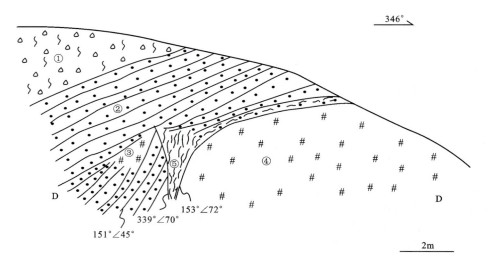

①残积层；②砂岩；③砂岩局部破碎；④紫红色砂岩破碎带；⑤劈理化砂岩
图 3.13　陆屋镇龙楼村露头剖面图

图 3.14　龙楼村平直断面(镜向 256°)　　　　图 3.15　龙楼村剖面整体情况(镜向 256°)

在新大村一开挖剖面(图 3.16),可见断裂带发育,主要由断层破碎带、断层角砾岩带和断层泥等组成,其中断层破碎带发育宽约 15m(图 3.17),断层角砾岩带上窄下宽,上部宽 10～15cm,下部宽 60～70cm。带内断层角砾岩发育(图 3.18),断层角砾岩呈次棱—棱角状,具张性角砾特征。在断层边部可见一层厚约 3cm 的断层泥发育。断面上擦痕、阶步发育,指示断层具左旋走滑性质。断层两盘次级小断层和节理发育。

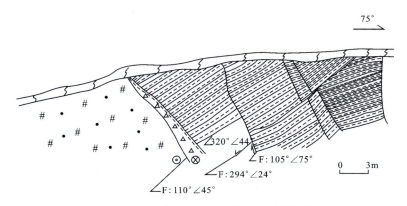

①残积物;②构造破碎带;③构造角砾岩带、构造透镜体带及断层泥;④泥岩
图 3.16　断裂带剖面发育情况

在平吉西北发育一系列走向北东、与断裂走向平行的山丘,相对高差仅 15～20m。在山坡东南侧采砂场的露头上,白垩纪砂砾岩中形成一个南东翼陡倾的不对称背斜,风化后变得十分松散。邕宁群砂砾岩底部为铁质胶结的砂砾岩,向南东陡倾,倾角 67°,向南在 6m 范围内倾角变为 6°。推测在白垩纪砂砾岩和第三纪邕宁群砂砾岩之间存在一条逆断裂。在平吉镇北古隆村至凌屋段,断裂沿山丘前发育,经过位置坡折明显。根据地质地貌调查及地球物理勘探,在此处开挖的探槽(TC017)揭露出的断裂对上覆第四纪似网纹状黏土层有一定影响(图 3.19～图 3.20)。经区域第四纪地层对比,该断裂形成时代为早—中更新世。

综上所述,此段断裂大部分发育在平吉-陆屋晚中生代—新生代沉积盆地中,第四纪早

图 3.17 断层野外出露情况（镜向 345°）

图 3.18 断层带内部发育情况（镜向 345°）

期的构造活动不仅使白垩纪紫红色泥岩逆冲于邕宁群砂砾岩之上，而且使得白垩纪地层褶皱变形，邕宁群砂砾岩中发育紧闭的、南东直立—倒转的背斜构造。断裂在现今微地貌上没有显示，也没有错断中更新世末到晚第四纪厚 1.0～1.5m 的砂砾石和砂土堆积，断层泥测年结果为距今 430ka 左右，据此推测该断裂形成于早—中更新世。

灵山断裂北段：该段断裂为防城-灵山断裂带灵山段的南东支，长约 50km，整体走向北东—北东东—近东西，倾向北西或南东，倾角 63°～87°，断裂多发育在谷地与岩性分界处（图 3.21），断裂带宽 12～24m，局部露头较宽，最宽可达 30～40m，在平面上呈西段宽，往东略有收缩的特征。断裂带主要由边部劈理化带、早期构造岩带和中央断裂带组成。局部露头花岗岩发生弱片理化，断裂带边部较完整花岗岩上发育共轭节理。断裂带具有明显分带

第三章 震中区主要断裂活动性分析

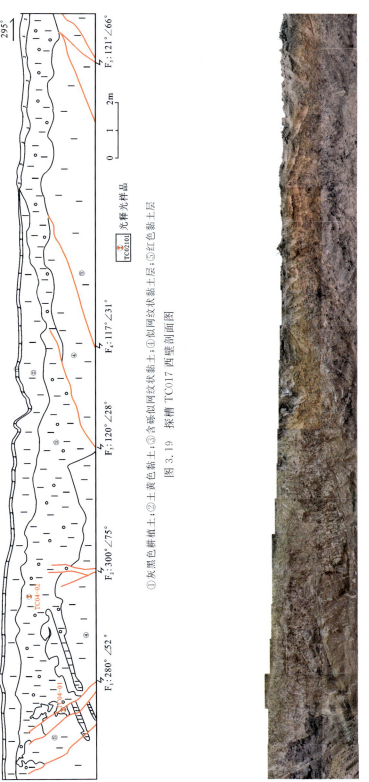

图 3.19 探槽 TC017 西壁剖面图

①灰黑色耕植土；②土黄色黏土；③含砾似网纹黏土；④似网纹状黏土层；⑤红色黏土层

图 3.20 探槽 TC017 拼接图（镜向 205°）

性,中央破碎带中硅质岩风化破碎极为严重,多组次级断面切割早期劈理化、变形硅质岩破碎带,远离断面,破碎程度减小,可见较为清晰的层理,次级断面切割岩层。破碎带中硅质岩上可见揉皱、弯曲、碎裂化等现象。

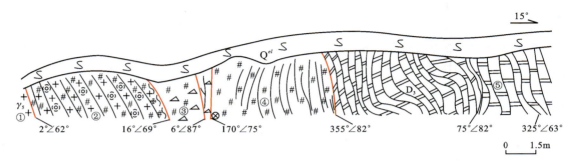

①灰白色花岗岩;②硅化碎裂岩带;③角砾岩带;④碎裂带;⑤灰黑色中层硅质岩

图 3.21　灵山断裂北段(白石南东 500m)构造剖面图

断裂在镇安—寨圩一带表现为岩性分界线。破碎带边部一般发育碎裂化硅质岩等(图 3.22),早期断裂活动形成片理化花岗岩、碎裂化硅质岩、硅质岩揉褶变形带,构造透镜体等,有些构造岩受后期风化作用。中期活动主要在断面附近发育少量红褐色铁质薄膜(图 3.23)。晚期右旋走滑活动不强烈,仅对早期的破碎带有微弱的改造。

图 3.22　边部硅质岩岩层、次级断面等(镜向 285°)　　图 3.23　次级断面铁质薄膜、擦痕(镜向 285°)

断裂沿罗阳山北麓山前谷地发育,通过处负地形地貌发育,对沿途水流控制明显,断层沿山脊及谷地发育,断裂沿线洪积台地、阶地发育,在罗阳山山前由多条次级分支断裂共同组成一正花状走滑断裂束。同时在该断裂带上发现了 1936 年灵山地震地表破裂带(李细光,2017),通过槽探和年代学研究,确定该断裂为晚更新世至全新世活动断裂。该断裂错动罗阳山山前最新洪积扇体前缘和河流Ⅰ级阶地,断层错动的地层光释光样品年龄约为 2260a,表明该断裂晚更新世及全新世有过活动。

2. 石塘断裂(f_{1-2})

该断裂展布于石塘、灵山、那隆一线,走向50°左右,倾向南东,断裂线平直,切割奥陶系、泥盆系、石炭系、二叠系、白垩系和印支期花岗岩,正断性质。该断裂对早古生代的沉积岩相有明显控制作用。断裂挤压破碎带宽数十米至百余米,岩层片理化、角砾岩、压碎岩、糜棱岩多见。断裂自第四纪以来均有活动,遥感影像上线性负地形地貌清晰可见,沿断裂多发育沟谷;控制钦江断陷谷地的西部边界,对插花盆地的西部边界、石塘盆地的东部边界有一定的控制作用,在盆地中,孤立的低丘陵沿断裂呈线性展布;在三海村附近形成低丘陵与盆地之间的界线。

在新村见该断裂出露,可见断裂变形带宽约20m,内部花岗岩强烈片理化(图3.24、图3.25)、糜棱岩化,变质暗色矿物与浅色矿物条带相间平行排列,局部见有石英残斑发育。露头发育在丘体与谷地交界部位,沿断裂走向线状沟谷发育。

综上所述,石塘断裂为早—中更新世断裂。

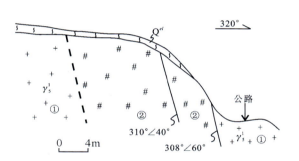
①灰白色中粗粒花岗岩;②挤压破碎带
图3.24 石塘断裂(新村)构造剖面图

图3.25 破碎带内部片理化花岗岩
(镜向南西)

3. 那银断裂(f_{1-3})

该断裂在防城港—钦州一带又称为平吉断裂。该断裂由西南部防城江山镇海边沿北东方向经三隆镇于陆屋村西南截止于北西向新桥断裂,全长约80km。断裂切割志留系,在钦州—陆屋一带切割侏罗系,构成钦州-江平侏罗纪向斜盆地的北部边界。断裂具有明显的多期活动特征,早期构造活动具韧性性质,后期构造活动具脆性性质。

在久隆镇污水处理厂露头,破碎带宽约10m(图3.26、图3.27),具有分带性,中部为紫黑色断层泥—细角砾岩带,向两侧过渡为劈理化带、角砾岩带,断面上有垂直擦痕、阶步发育,指示早期为逆断,中期为正断,晚期为右旋走滑性质,断裂通过盆山分界线(图3.28)。

在钦州北—久隆镇一带断裂北侧为北东向山丘,南侧为盆地,山体与盆地界线呈清晰的北东向线性,在久隆镇回龙麓185°方向826m处山坡处露头可见棕黄色砂岩和紫红色砂岩分界,界线处岩性破碎。在分流水村325°方向700m附近山脚处断裂露头破碎带宽约5m(图3.29~图3.31),下窄上宽,上盘为砂岩夹页岩,下盘为砾岩,早期为正断性质,晚期表现为右旋走滑性质。

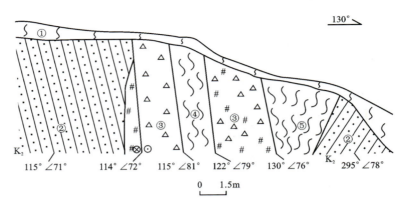

①红褐色残积黏土;②紫红色中层砂岩;③角砾岩、碎裂岩;④固结断层泥;⑤劈理化带

图 3.26 断裂(久隆镇污水处理厂)构造剖面图

图 3.27 破碎带宏观出露情况(镜向40°)

图 3.28 断裂通过盆山分界线(镜向130°)

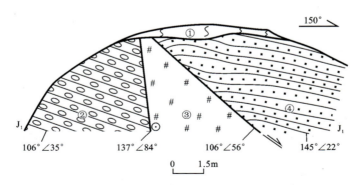

①黄褐色残积黏土;②灰白色厚层砾岩;③破碎带;④灰白色中层砂岩

图 3.29 断裂(分流水北西700m)构造剖面图

图 3.30 破碎带宏观出露情况(镜向 60°)

图 3.31 断裂通过山脊线附近(镜向 16°)

在公路的北侧路堑上,出露了宽 6m 的断裂带。断裂下盘为侏罗纪砂岩,上盘没有出露。断层角砾为紫红色砂岩(图 3.32)。断面上发育有厚 20～25cm 的断裂压碎岩,断面上擦痕不明显。断裂带上覆盖有厚 1.0～2.0m 的中更新世—晚更新世残坡积砂土,未受断裂影响。

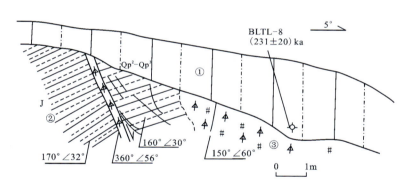

①紫红色残坡积砂质黏土;②紫红色、灰黄色、灰绿色细砂岩;③断层角砾

图 3.32 陆屋南公路北侧断裂剖面图

综上所述,该断裂主要发育在古生代地层和中生代晚期—新生代地层之间,控制平吉和陆屋盆地晚中生代—新生代盆地边界,个别地段发育在古生代、侏罗纪地层中。断裂南侧主要为古生代砂岩,北侧为成岩差的新生代砂岩、泥岩。根据断裂破碎带胶结差、地貌上存在北东向的线性影像和上覆地层未受断裂影响等判断,它是一条早—中更新世断裂。

4. 丰塘断裂(f_{1-4})

该断裂沿 30°方向延伸,过丰塘、大地、陈木曲状延伸至伶江,在震中区内出露长度约 50km。

在丰塘镇一带见断裂出露(图 3.33～图 3.35),沿断裂线状负地形地貌明显。断裂对现代水系有明显的控制作用,角状水系发育。断裂有被北西向断裂错断的痕迹。

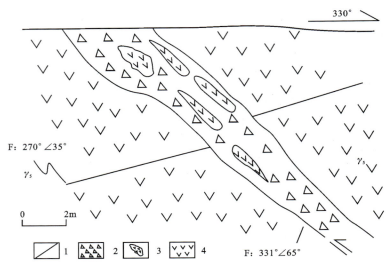

1. 断裂；2. 构造角砾岩；3. 构造透镜体；4. 燕山期花岗岩

图3.33　灵山丰塘镇断裂构造剖面图

图3.34　断层面发育的阶步照片（镜向240°）

图3.35　断层面发育的擦痕照片（镜向240°）

在井鸡村北东2km路旁见印支期花岗岩中发育多条断层（图3.36），断裂影响宽度约20m，倾向北西或北西西。产状275°∠46°断层断面上有铁质、黏土充填，发育擦痕及阶步，显示性质为逆断。断层附近花岗岩有片理化现象，花岗岩节理、裂隙发育，沿裂隙有铁质充填。产状285°∠38°断层见有宽10～20cm的片理化带，为逆断性质。总体上，该断裂由多条次级断层组成，性质为逆断。露头上覆盖有一层红褐色残积黏土，厚约3m，断裂未切入其内。

综合上述情况，该断裂为早—中更新世断裂。

5. 板露断裂（f_{1-5}）

该断裂出露在震中区的北部，从百灵塘南往西经贾村、板露、和尚岭再往西延出区外至飞龙。百灵塘往东与寨圩断裂相复合，在区内长50余千米，呈舒缓波状。走向近东西，倾向

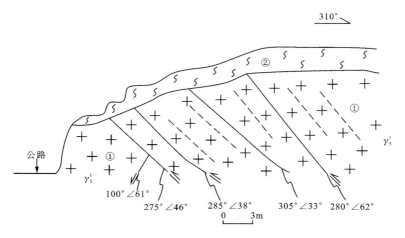

①灰白色花岗岩；②残积物

图 3.36 丰塘断裂（井鸡村北东）构造剖面

南或北，倾角在板露以东较陡，为 60°～80°，板露以西较缓，为 30°～40°。断裂切割泥盆系、石炭系、白垩系和古近系、新近系及印支期花岗岩。切错北东向断裂。断裂破碎带宽数十米，带内可见压碎岩、角砾岩、花岗糜棱岩等（图 3.37），综合表现为正断-走滑性质。

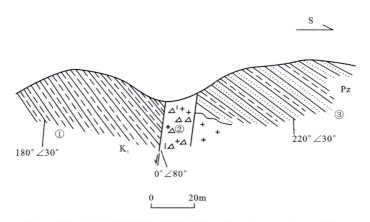

①红色泥岩；②压碎花岗岩角砾及花岗岩角砾；③细砂岩、粉砂岩及泥岩

图 3.37 板露北侧构造剖面图

断裂西段控制古近纪盆地的形成发展，后又切割第三纪地层，表明断裂在此时期活动较强，以后活动减弱。在东段大化、新庄一带，断裂切错第四纪旱谷，使数条旱谷同步右旋弯曲，表明断裂在第四纪发生右旋走滑。但其切错的旱谷形态不像焦根坪断裂切错的沟谷那样清晰，而是显得较模糊，说明这些旱谷形成时间较早。取断层物质做 TL 法年龄测试，结果为 1000ka，表明该断裂最晚一次明显活动时间为早更新世。

综上所述，该断裂为早—中更新世断裂。

6. 箣竹断裂（f_{1-6}）

该断裂走向北东，倾向南东，倾角79°～85°，正断/右旋走滑活动性质，切割石炭系、白垩系和燕山期花岗岩，长约18km。

在沙田见该断裂出露，破碎带宽约5m，内部发育多组断面，节理穿插其中，产状120°∠85°断面附近发育宽约8cm的灰白色泥状物质（图3.38），已固结，呈上窄下宽状，其上盘边部节理近断面处受拖曳弯曲，指示正断性质（图3.39）；产状141°∠85°断面上发育水平擦痕与阶步，指示右旋走滑性质（图3.40）。沿此断裂走向为线状沟谷地貌，控制小河流向18km左右。综合以上现象，该断裂为早—中更新世断裂。

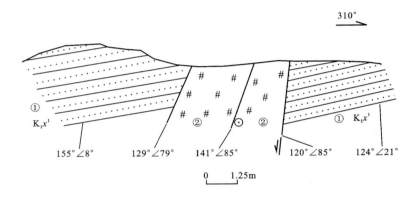

①棕红色中薄层泥岩；②破碎带

图3.38　箣竹断裂（沙田）构造剖面图

图3.39　断面及其上盘节理发育情况（镜向220°）　　图3.40　断面上擦痕与阶步发育情况（镜向220°）

7. 西津-百合断裂（f_{1-7}）

西津-百合断裂总体走向北东东，呈舒缓波状展布，断裂西起西津西端，经新村至百合。断裂在近场区出露约40km，倾向南，倾角约78°。

断裂西侧岩层揉褶、褶皱、层间劈理发育，断裂带内可见两期构造角砾岩，早期泥质胶结，晚期再破碎。断裂带间发育2～3条宽约10cm断层泥带（图3.41、图3.42）。断面上发育擦痕、阶步和派生节理,从派生节理和地层断错情况上看,早期为正断性质;而从擦痕和阶步上来看,晚期为左旋走滑性质。地貌上 F_2 成为中丘与平原的分界线,断裂未断错残坡积层。

综合上述特征,该断裂为早—中更新世断裂。

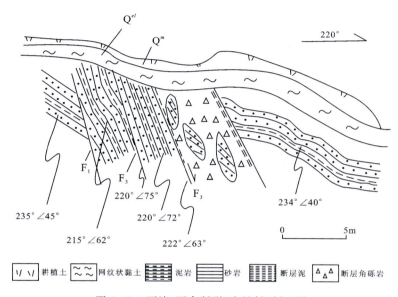

图 3.41　西津-百合断裂(大炉村)剖面图

图 3.42　西津-百合断裂(大炉村)野外出露情况

8. 浦北-寨圩断裂(f_{1-8})

断裂走向南北,经过马长田、大和山、浦北、新平山、镇脚、寨圩等地,长约 40km。倾向西,倾角 40°～55°。断裂早期为逆断层,带内发育流劈理、构造透镜体及雁列状石英脉,沿断裂有明显的铅锌矿化、黄铁矿化,表明早期断裂为一条具有矿化的脆-韧性剪切带;晚期为正断层,沿脆-韧性剪切带的中间强应变带叠加有脆性变形,形成了宽达几米至十余米的碎裂岩带。

在麻田坡西北 600m,可见花岗岩中断层成组出露,破碎带宽约 15m,断面倾向西(图 3.43)。断面两侧有节理发育,根据节理与断面的几何关系判断,断层为正断性质。节理及断面上有厚 3～8cm 褐色铁质硅质物填充。断层上覆一层厚约 2m 的褐黄色黏土。黄镇国等(1996)的工作表明,南方各种岩性上的红色风化壳发育时期主要为早—中更新世。断层未切入其内,说明断裂至少在晚更新世以来没有活动表现。本露头发育在山体中部,负地形不发育,说明断裂对渐新世—早更新世夷平面没有影响。综上所述,该断裂应为前第四纪断裂。

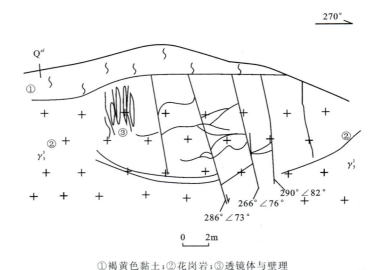

①褐黄色黏土;②花岗岩;③透镜体与壁理

图 3.43 浦北-寨圩断裂(麻田坡西北)构造剖面图

在长田村北 400m 珊瑚塘附近,破碎带宽约 3m(图 3.44)。破碎带内可见 5 条断层,主要倾向北西,局部可见透镜体。但根据断层与节理面的夹角判断,断层应为正断性质。断面及节理被红色铁质物或硅质物填充。露头花岗岩有中等风化。露头上覆一层厚 1～2m 的紫红色黏土。

在北控水务自来水厂,可见断层发育在陡崖中部,沿断层走向观测,小江的Ⅰ级阶地和Ⅱ级阶地未见变形,说明断层至少在晚更新世以来没有活动。

根据断裂内部物质、断裂与上覆地层的关系以及断裂对地貌的作用综合判断,该断裂应为前第四纪断裂。

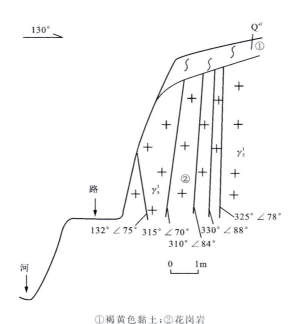

①褐黄色黏土；②花岗岩

图 3.44 浦北-寨圩断裂(长田村北 400m)构造剖面图

9. 六陈-北市断裂(f_{1-9})

六陈-北市断裂为防城-灵山断裂带北段(石南段)北缘最大一条北东向断裂。该断裂主要为花岗岩体与白垩纪砂岩分界线。主要经过黄宫、高垌、旺和垌、寿岭、高田、长田、要古、高田、新村等地，然后继续向北东延伸出研究范围，断裂全长约 50km。断裂总体走向 35°，倾向北西，倾角 50°～65°，总体表现为以右旋作用为主、逆断作用为辅。断裂对地貌控制明显，多沿负地形地貌发育，局部地区为丘陵地貌与冲积平原分界线。

在桥田村一带，断裂带内部角砾岩发育(图 3.45)，角砾岩多松散胶结。次级断面发育于主断裂带中，断面上可见擦痕、阶步发育，指示断裂具逆断性质(图 3.46)。断裂经过处负地形地貌明显，主要为丘陵与侵蚀平原分界线，同时可见断裂为白垩纪砂岩与花岗岩分界线。沿途对水系控制明显，多发育角状水系。

在中和镇村口公路旁可见断裂出露(图 3.47)。断裂发育于花岗岩中(图 3.48)，带宽约 1m，带内角砾岩发育，角砾多为石英及长石，大小 0.2cm×0.2cm。断面上可见擦痕发育，擦痕指示断裂具正断性质(图 3.49)，断面上还发育一层厚 2～3cm 的黄白色断层泥。断层上部覆盖一层厚 30～50cm 的红黄色残积土，断裂对其无错移作用。

断裂新生代活动明显，对地貌控制明显，多沿负地形地貌发育，局部地区为丘陵地貌与冲积平原分界线。断裂对河流的发育也起控制作用，在大坡至高田一带，多条水系沿断裂流动。

综上分析，该断裂为早—中更新世断裂，晚更新世以来不活动。

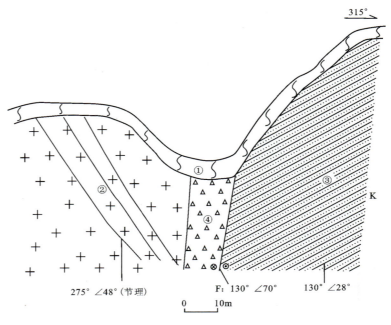

①残积层；②花岗岩；③砂岩；④构造角砾岩带

图 3.45　六陈-北市断裂（桥田村）构造剖面图

图 3.46　次级断面上擦痕、阶步发育情况

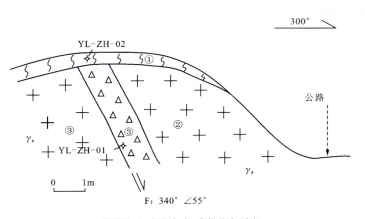

①残积层;②花岗岩;③构造角砾岩

图 3.47 中和镇村口断裂构造剖面图

图 3.48 断裂出露情况

图 3.49 断面上擦痕发育情况

10. 民乐-双凤断裂(f_{1-10})

该断裂为防城-灵山断裂带北段(石南段)南缘最大的一条北东向断裂,断裂主要为泥盆系与花岗岩体分界线。主要经过正阳、上阳、三山、石莱、寒山水库、旺山等地,然后继续向北东延伸出研究范围,断裂全长约 60km。断裂总体走向 40°,倾向东南,倾角 50°~70°。断裂总体表现为以右旋走滑性质为主,逆断作用为辅。断裂以南为玉林-北流断块下降区,堆积了白垩系、第三系和少量第四系堆积物,地貌上为低丘、台地和平原区。

在三山新村口可见断裂出露(图 3.50、图 3.51)。断裂发育宽 7~8m,断面上可见擦痕、阶步发育,指示具有逆断性质(图 3.52)。断裂内次级断层发育,断层内部构造透镜体发育,透镜体长约 40cm,宽约 15cm。在断裂内部早期角砾岩多被红色铁质胶结(图 3.53),后期挤压带内可见断层泥发育。

1936年广西灵山6¾级地震地表破裂带新发现

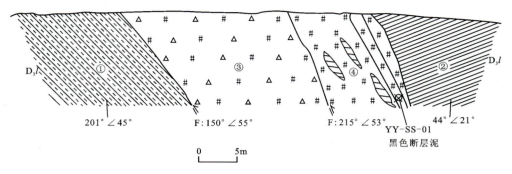

①泥岩；②页岩；③早期角砾岩带；④后期挤压带

图 3.50 民乐-双凤断裂（三山村村口）构造剖面图

图 3.51 民乐-双凤断裂野外出露情况

图 3.52 断面上擦痕、阶步发育情况 图 3.53 断裂带内角砾岩发育情况

在寒山水库断裂出露(图 3.54、图 3.55)。断裂发育于泥盆系榴江组,断裂产状 150°∠82°。在靠近断面处劈理发育,且被拖曳,产状与断裂基本一致。在断面和断裂内滑动面上擦痕发育,基岩断面上擦痕侧伏向 240°,侧伏角 23°。取最新断层面上断层泥样品,其热释光测年结果为(183±15)ka。断面及断裂上部被厚约 0.4m 的土黄色表层土覆盖,断裂对其无错动迹象,取样做热释光测年,结果为(85.9±7)ka,说明该断裂晚更新世以来不活动。

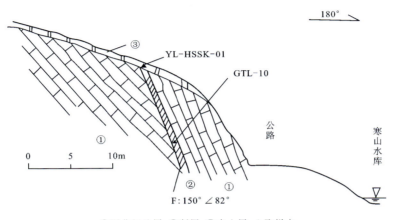

①泥盆纪地层;②断层;③表土层;▲取样点
图 3.54 寒山水库一带断裂地质剖面图

图 3.55 断裂野外出露情况

在大榄村西 200m 公路旁发现断裂出露(图 3.56)。该断裂为一系列叠瓦状正断层发育于第三纪砾岩中,同时发育有反向断层(图 3.57)。断面上擦痕、阶步发育,属正断性质,断裂上覆盖有一层厚约 3m 的第四纪红色黏土,取样做热释光测年,结果为(200.72±22.08)ka。

在山心附近开挖剖面显示,断层带宽 50m,上盘为下石炭统泥质砂岩、硅质岩,产状为 150°∠45°;下盘为下白垩统新隆组紫红色砾岩、砂岩,产状为 0°∠10°。断裂带又可分为两个

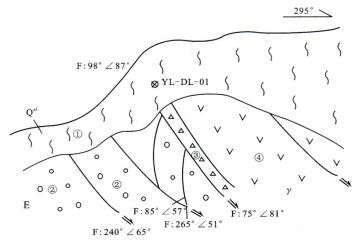

①残积层;②紫红色砾岩;③断层角砾岩;④花岗斑岩

图 3.56 大榄村西 200m 公路旁断裂构造剖面图

图 3.57 断裂野外出露情况(反向断层发育)

次一级破碎带,北侧破碎带内主断面倾向 115°,倾角 54°。破碎带主要由下石炭统硅质岩碎块组成,上部被厚 2～3m 的紫红色风化壳黏土层覆盖;南侧破碎带内主断面倾向 85°,倾角 42°,破碎带主要由下石炭统杂色砂岩碎块组成,为"通天"断层(图 3.58),取该破碎带断层泥做热释光年龄测试,结果为约 200ka。

断裂在新近纪或第四纪以来的活动在地形、地貌、第四纪地质及航片、卫片影像上均有显示。断裂对河流发育有一定控制,沿断裂常成为断裂沟谷和全新统的沉积场所。断裂还是第四系的边界。断裂两侧高差较大,可达 200～900m,部分区段成为平原和中低山的分界。在玉林三山、寒山水库、民乐附近的多处地方,断裂右旋错断水系、山谷轴线等现象明显,错断位移可达 80～90m。

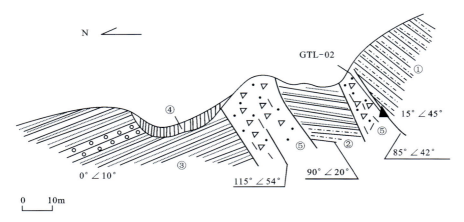

①泥质砂岩；②细砂岩；③砂岩、砾岩；④紫红色风化壳黏土层；⑤断层破碎带；GTL-02.样品编号

图 3.58　山心北铁路口断裂地质剖面

综上分析，该断裂为早—中更新世断裂，晚更新世以来不活动。

11. 䓣格断裂（f_{1-11}）

䓣格断裂走向北东，倾向南东，倾角 75°左右。断裂切割泥盆系、石炭系、二叠系及印支期花岗岩。断裂带多由数条近平行断裂组成。

在区内可见北西向断裂与北东向断裂交会，其中北西向断裂右旋错断北东向断裂，北西向断裂可见擦痕、阶步发育，指示断裂具右旋走滑性质。北东向断裂断面平直陡立，呈正断性质。断裂经过处负地形地貌较发育，对现代水系有一定控制作用。在断裂顶部可见一层厚 2~3m 残坡积物（图 3.59），断裂对其无错动作用。

综上所述，该断裂为早—中更新世断裂。

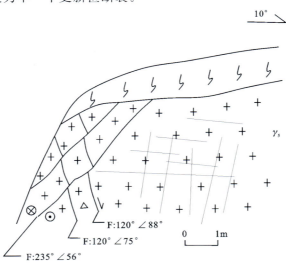

①残积物；②花岗岩；③断层及节理

图 3.59　断裂剖面发育情况

12. 三合断裂（f_{1-12}）

该断裂位于震中区西南侧，断裂走向北东，倾向南东，经过北通镇、高岭脚、定更、三合镇、关塘等地，全长约24km，切割花岗岩体。

在三合镇公路边，可见断裂发育于紫红色花岗岩中。断裂由数条近平行断面组成，断面发育平直，断面上发育一层厚约0.5cm白色石英薄膜，其上擦痕、阶步发育，指示断层具正断性质（图3.60～图3.62）。局部断层经过处负地形地貌较不明显。综上所述，该断裂为前第四纪断裂。

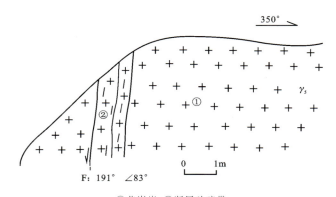

①花岗岩；②断层破碎带

图3.60 断裂（三合镇）剖面发育情况

图3.61 断裂野外发育情况（镜向260°）

图3.62 断面上擦痕、阶步发育（镜向260°）

13. 容家断裂（f_{1-13}）

该断裂总体走向近东西，局部有变化，倾向南或北北西，倾角72°左右，挤压性质，通过旱塘表、容家和有科岭等地，长约20km，切割印支期花岗岩。

在有科岭北东800m见该断裂出露，破碎带宽3m，可见3条断层，每条断层的破碎带宽10～20cm，内部发育黑色碳质胶结风化花岗岩砾石（5cm×2cm～3cm×2cm），具挤压性质。露头上覆一层厚1～2m紫红色黏土，断面未切入其内，破碎带已风化，两侧岩体也已严重风化(图3.63、图3.64)。露头发育在山丘中部,往南西或北东观察线性负地形不发育。因此,该断裂为前第四纪断裂。但从宏观地貌上看,以容家为界,以西线性负地形不发育,以东线状沟谷发育,并控制局部地段的小河流向。综合以上现象,该断裂容家以西为前第四纪断裂,以东为早—中更新世断裂。

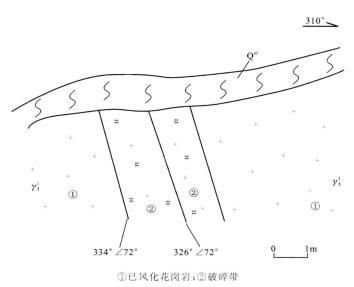

①已风化花岗岩;②破碎带

图 3.63　容家断裂(有科岭北东 800m)构造剖面图

图 3.64　破碎带宏观出露情况(左)和断面细节(右)(镜向 220°)

14. 焦根坪-友僚断裂（f_{8-1}）

该断裂总体走向北西—北北西，断裂北西端起于高乐，过大排、友僚、蕉根坪等地，长约15km，倾向北东东或南西—南西西，倾向北东东的断面数量多，倾角在60°～80°之间，切割泥盆系、石炭系硅质岩、砂岩，二叠系砂泥岩，印支期花岗岩。断裂破碎带宽十余米至数十米。

早期该断裂运动学特征主要表现为压性逆断活动特征，具体表现为花岗岩中发育的劈理化、片理化带、构造透镜体，硅质岩中的弱片理化带，定向排列的构造透镜体及构造岩等（图3.65）。晚期该断裂主要表现为左旋走滑性质同时兼有张性正断表现，晚期新鲜断面切割早期形成的构造岩片理化带，断面上主要发育近水平的擦痕及阶步（图3.66），指示断裂为左旋运动特征，有的断面上有斜擦痕及阶步发育（图3.67），指示兼有正断性质，同时该断裂晚期活动产生的角砾岩或碎裂岩为松散泥质胶结，不具定向性，为张性松散胶结角砾岩，表明该断裂晚期活动具有张性特征。

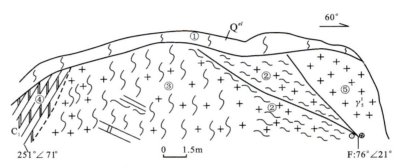

①残积层；②片理化花岗岩；③风化破碎带；④灰黑色中层硅质岩；⑤灰白色花岗岩

图3.65 蕉根坪-友僚断裂（友兰塘）构造剖面图

图3.66 晚期擦痕和阶步（俯视）

图3.67 晚期断面出露情况（镜向南西）

该断裂基本沿丘体或低山间线状谷地发育，线状负地形明显，通过山体部位一般沿低山间鞍部发育，在江儿口、友兰塘一带沿断裂两侧局部发育小盆地。在大排北西一带该断裂使小型冲沟具同步左旋现象。在蕉根坪村南东（160°）方向1km左右（图3.68），可见断裂发育于花岗岩中，断面较平直，延伸到上覆晚更新世黑色标志层，对其未有错断。

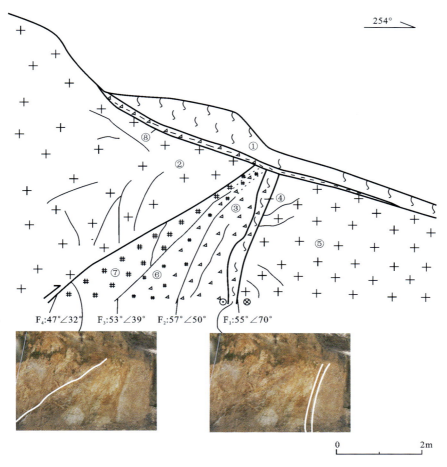

①第四系残坡积层;②风化花岗岩(较完整);③花岗岩角砾;④黄色含角砾黏土;⑤碎裂化花岗岩;⑥碎裂岩;⑦破碎花岗岩;⑧深灰色标志层

图 3.68 蕉根坪南东 160°方向 1km 附近构造剖面图

断裂沿线线状负地形地貌明显,沿断裂多成洼地、凹地;断裂控制着现代水系的发育,小河等水系多沿断裂走向分布,角状水系发育。断层崖、断层陡坎和断层三角面发育。在蕉根坪一带,两侧地貌有差异:断裂东北侧仅发育低平的 2 级冲积洪积阶地,西南侧发育 5 级洪积阶地;在友僚—石塘、蕉根坪—六吉一带左旋错断北东向断裂、成排的山脊和沟谷(潘建雄等,1995)。

综合以上认为,该断裂最新活动时代为早—中更新世。

15. 寨圩-六银断裂(f_{8-2})

寨圩-六银断裂走向北西,全长约 80km,北起吉安,经过莫村、丰门村、寨圩、新灰、六银,止于双凤附近,并与灵山断裂(走向北东)相交于寨圩镇。

沿该断裂负地貌明显发育。该断裂的东南段,即寨圩至双凤段,沿断裂发育线性谷地以及河流,沿途多处可见河流错移弯曲的现象。该断裂的西北段,即吉安至寨圩段,断裂沿花岗岩质山体山脚线发育,断裂的西南侧为地势较低的侵蚀盆地,花岗岩山体与侵蚀盆地相交处发育大量洪冲积扇体,卫星影像图上可见扇体被断裂左旋错移。整体上看,该断裂对地形地貌有较明显的控制作用,表明该断裂活动性较强,其最新活动时代可能为早—中更新世。

蒙仲村东800m采石场处北西向寨圩-六银断裂出露,断裂整体走向280°～290°,倾角较陡。破碎带宽25～30m,硅质灰岩与泥岩为整合接触关系,基岩与上覆第四系为不整合接触关系,岩体与硅质灰岩为断层接触关系(图3.69)。

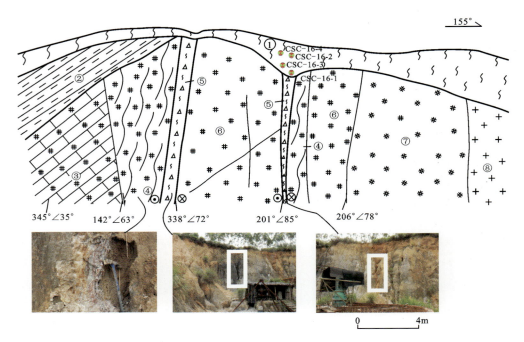

①第四系残坡积层;②破碎硅质泥岩;③破碎硅质灰岩;④韧性变形带;⑤断层带;⑥破碎硅质灰岩障碍体;⑦岩体接触硅质灰岩破碎带;⑧风化花岗岩

图3.69 蒙仲村东800m采石场构造剖面图

主断层带宽8～10m,整体表现为左旋走滑。中间较宽脆性硅质岩破碎带较硬,形成较大障碍体,导致剖面上出现两个主断面,断面附近宽1～2m的带中基岩破碎严重,层理不可见,北西侧主断面上覆第四系较薄,南东侧断面(图3.70)中搅入了较多第四系残坡积层。该断面上可见较明显指示断裂具左旋走滑性质的擦痕(图3.71)。这些标志都指示该断裂第四纪以来有过活动。

采石场附近剖面上采集的断层上覆地层光释光测试年龄分别为(220±28)ka、(215±27)ka、(290±25)ka。该断裂对上覆地层无错动,可确定该断裂的最新活动时代为早—中更新世。

自有历史记录以来,该断裂10km范围内发生过多次中小地震,最近的一次为1974年的4.5级地震,震中位于友僚附近,最大的地震为1958年的石塘5¾级地震。综合寨圩-六银断裂的地质地貌特征,推测该断裂的最新活动时代为早—中更新世。

图 3.70　南东侧主断面出露情况

（镜向 65°）

图 3.71　南东侧主断面上擦痕及摩擦镜面

（镜向 65°）

16. 塘坡断裂（f_{8-3}）

该断裂走向北西，北西端起于镇脚，依次经过青龙水、新开田、佛子景、羊头根和石景等地，全长 20km，倾向北东，倾角 72°左右，主要发育于印支期细粒花岗岩中，为正断性质。

在塘坡南 1km 的公路上可见断裂露头，断裂破碎带宽约 15m，由一系列正断层组成，在断面上可见擦痕、阶步发育（图 3.72），其方向指示断裂具正断性质。在断裂下盘可见一组几乎垂直的节理发育，产状分别为 52°∠70° 和 345°∠41°。在断裂上盘可见一层厚 2～3m 的土黄色残积土覆盖。黄镇国等（1996）的工作表明，南方各种岩性上的红色风化壳发育时期主要为早—中更新世。断裂对其无错移迹象，说明断裂至少在晚更新世以来没有活动。断裂经过处，负地形地貌发育，沿线可见断层陡坎发育，即断裂对渐新世—早更新世夷平面有影响。综合上述分析，该断裂为早更新世断裂。

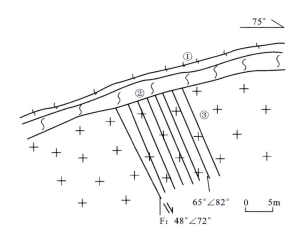

①耕植土；②残积层；③花岗岩

图 3.72　塘坡南 1km 断裂构造剖面图

17. 佛子断裂(f_{8-4})

该断裂总体走向北北西,约335°,断裂南东端起于三合镇,经黄叶塘、佛子镇、睦相村等地,北西端止于峨眉,长约26km,倾向南西—南西西,倾角在50°~84°之间,中高角度断面或破裂面占绝大多数,由南向北依次切割印支期花岗岩、泥盆系硅质岩、砂岩。断裂切错北东向构造线,断裂挤压破碎带宽数米至十余米。

断裂至少经历两期运动,早期断裂带较窄,宽约2m,带内构造透镜体、破碎岩发育,断裂带呈上窄下宽的趋势,断面发育光滑,岩体呈波状起伏,表现为逆断性质,具剪切作用(图3.73)。晚期断裂破碎带宽2~6m,主断层两侧还发育数条次级断层,其内可见构造透镜体发育,根据透镜体与断面锐夹角关系,该断层为正断性质(图3.74)。

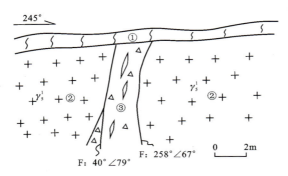
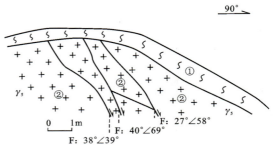

①坡积物;②花岗岩;③构造透镜体及角砾岩　　　　　①坡积物;②花岗岩

图3.73　主断裂剖面发育情况　　　　　　　图3.74　次级断裂剖面发育情况

在黄叶塘村,可见佛子断裂出露(图3.75~图3.77)。在该处主要发育两组断裂,一组为近南北向,一组为北北西向,其中北北西向断裂切过近南北向断裂。近南北向断裂主要由一组近平行的断层组成,发育4~5组断面,断面陡立,在断面上擦痕、阶步发育,指示断裂具逆断性质,断面上滑膜晶为石英及铁质,时代比较久远。北北西向断裂宽3~4m,主要由断层碎裂带、构造破碎带组成,局部可见构造透镜体发育。断面具舒缓波状,其上可见多期擦痕、阶步发育,指示断层早期具压扭性,晚期具正断性质。

断裂自新生代以来有明显活动,沿断裂负地貌较发育。在卫星影像上,断裂的线性影像清晰,断裂两侧同级地貌面高度有异。从野外观察,破碎带中方解石脉表面有多组擦痕相互覆盖;在室内显微镜下观察,有3期方解石脉穿插,表明断裂自第四纪以来有过多期活动。综合上述地质地貌现象,确定该断裂为早—中更新世断裂,晚更新世以来不活动,早期表现为逆断挤压运动,晚期具左旋走滑兼正断性质。

18. 新圩断裂(f_{8-5})

该断裂整体呈一向西凸出的宽缓弧形,新圩以北走向北北东,新圩以南走向北北西,在新圩以南倾向南西或北东东,倾角82°~89°,压剪性质,切割奥陶系、志留系、泥盆系及燕山期花岗岩,长约19km。

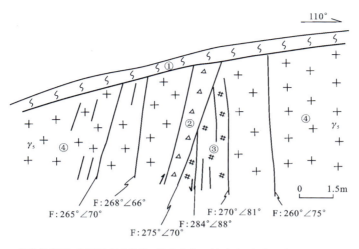

①残坡积层；②断层碎裂岩带，基岩成分已被改造，十分破碎；③构造破碎带，其内节理发育；④花岗岩

图 3.75 佛子断裂构造剖面图

图 3.76 断裂野外出露情况（镜向 200°）

图 3.77 断裂断面发育情况（镜向 20°）

在大海砖厂，该点可见断裂发育，断裂带发育宽约 2m，带内构造破碎带、角砾岩、透镜体发育，角砾岩和透镜体多被泥质胶结（图 3.78、图 3.79）。在断裂带内部可见小揉皱发育，指示断层具正断性质，通过对断层错动节理面方向也可判断该断层为正断性质。由于断层多期活动，带内发育有次级小节理。

在容家西南 200m 见该断裂出露，破碎带宽约 60cm，带内花岗岩具一定的片理化现象，同时节理极为发育，显示压剪性活动性质，向外逐渐过渡为正常无变形

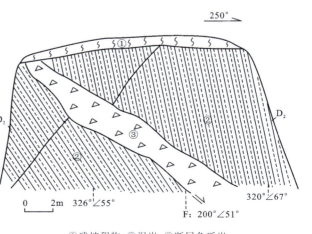

①残坡积物；②泥岩；③断层角砾岩

图 3.78 新圩断裂剖面（大海砖厂）发育情况

图 3.79 断裂野外出露情况(镜向 160°)

的花岗岩,破碎带未对上覆残积层有错动现象(图 3.80~图 3.82)。在新圩以南 2km 左旋错动燕山期花岗岩且在地貌上有显现。综合以上现象,该断裂为早—中更新世断裂。

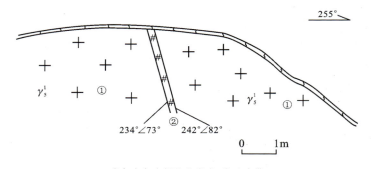

①灰白色中粗粒花岗岩;②破碎带

图 3.80 新圩断裂(容家西南 200m)构造剖面图

图 3.81 破碎带宏观出露情况(镜向 165°)

图 3.82 破碎带内部发育片理和节理(镜向 165°)

19. 龙渊坡断裂（f_{8-6}）

该断裂走向近南北，倾向西，倾角 $79°\sim88°$，通过鲤鱼田、石山脚和水口垌等地，长约 8km，切割印支期花岗岩，有多期活动，左旋、右旋、挤压均有表现。

在南木水西 800m 见该断裂出露，破碎带宽 $7\sim7.5m$，内部可见多条断层发育，倾向南西西、西、东，带内石英含量较高，可见构造透镜体，性质有左旋、右旋、挤压等。露头上覆一层黏土-含粒状砂状黏土，断面未切入其内（图 3.83、图 3.84）。经区域对比，该黏土形成时代为中更新世。露头发育在山丘中部，往北为山丘。该断裂通过部位断续可见线状沟谷发育，且局部地段控制小河流向。综合以上现象，该断裂为早—中更新世断裂。

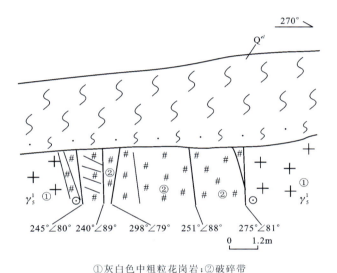

①灰白色中粗粒花岗岩；②破碎带
图 3.83　龙渊坡断裂（南木水西 800m）构造剖面图

图 3.84　破碎带宏观出露情况（左）和断面上擦痕、阶步发育情况（右）（镜向 180°）

20. 大水口断裂（f_{8-7}）

该断裂走向近南北，倾向西，倾角 $66°\sim86°$，通过大水口、长山口和南木水等地，长约

7km,切割印支期花岗岩,有多种活动性质,以左旋走滑性质为主。

在南木水可见该断裂出露,破碎带宽约150m,内部发育多条断层,断面上擦痕、阶步发育,均指示左旋走滑性质,产状257°∠66°,断面附近可见透镜体发育。露头上覆一层厚1~5m的黏土或含碎石风化物质,断面未切入其中(图3.85、图3.86)。经区域对比,该黏土形成时代为中更新世。野外可见小沟穿过断裂,但并未引起小沟发生水平位移或垂向位移。该断裂多沿线状沟谷发育,局部地段控制小河流向。综合以上现象,该断裂为早—中更新世断裂。

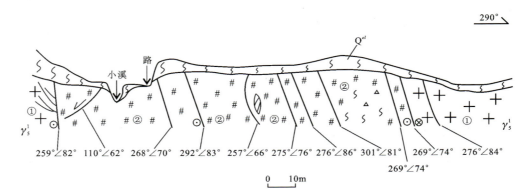

①灰白色中粒花岗岩;②破碎带

图3.85 大水口断裂(南木水)构造剖面图

图3.86 破碎带宏观出露情况(左)和断面上阶步发育情况(右)(镜向200°)

21. 泗洲断裂(f_{8-8})

该断裂总体走向北北西—近南北,倾向北东东或南西西,倾向北东东、断面数量与倾向南西西断面数量相当,倾角在49°~89°之间,通过山秀、泗洲、牛甘坪等地,长约10km,切割印支期花岗岩。破碎带宽1~35m,硅化强烈部位的宽度增大,多数破碎带宽度在2~7m之间。断面倾向北东—北东东的数量与倾向南西西的数量相当,一部分露头中同时发育倾向北东及南西的断面或破裂面,断面倾角范围在49°~89°之间,多数断面倾角较陡,以倾角70°~80°范围的高角度断面或破裂面占绝大多数。最新一期活动部分一般发育在破碎带的中部或单侧,切割早期碎裂岩或沿早期断面重新活动。

早期该断裂运动学特征主要表现为压剪性,以硅化强烈为特征,具体表现为花岗岩中发育的硅化带、石英脉、陡直劈理面、破裂面等(图3.87)。晚期该断裂主要表现为左旋走滑性质,晚期新鲜断面切割早期形成的硅化带(图3.88、图3.89)。断面上主要发育近水平的擦痕及阶步,指示断裂为左旋运动特征。综合上述特征,该断裂早期以压剪性活动为主,同时硅化现象强烈,晚期以左旋走滑性质为主。

图3.87 破碎带宏观出露情况(北北东)

图3.88 断裂野外出露情况

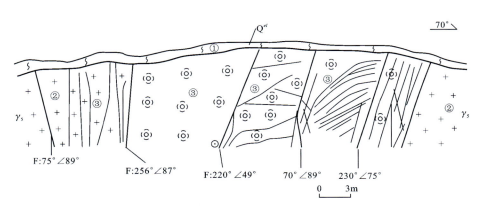

①残积层;②灰白色花岗岩;③破碎带

图3.89 泗洲断裂(山秀东2km)构造剖面图

在木材检查站往东约1km,印支期花岗岩中可见断裂破碎带,带宽约1km,内部可见多组方向的破裂面或断面,一组倾向南西,一组倾向西,一组倾向南东东,一组倾向南南西,一组倾向北东。其中,倾向南西的破裂面在露头中分布广,倾向西的破裂面分布集中,表现为张性,其余倾向的破裂面数量较少。在整个露头中,倾向西断面集中的部位有小溪发育(图3.90)。断裂上覆有一层残积黏土,未见破裂面切入其内。经区域对比,该黏土形成时代为中更新世。

该断裂在中低山区发育,形成断续排列的线状负地形,通过山体部位一般沿山间鞍部发育,在牛甘坪—泗洲、温油麓一带形成沿断裂发育的"V"形线状谷地。在牛甘坪附近断裂通

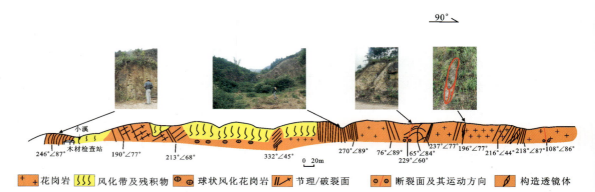

图 3.90　泗洲断裂构造剖面图

过部位与断裂直交的河流上发育跌水,且断裂两侧河谷深度差异明显。综合地质地貌现象确定该断裂在早—中更新世有过活动,但晚更新世以来并无活动。

综上所述,震中区主要断裂活动特征如表 3.1 所示。

表 3.1　震中区主要断裂活动特征一览表

编号	断裂名称	走向	倾向	倾角/(°)	长度/km	活动性质	活动时代
f_{1-1}	灵山断裂(北段)	北东—北东东—近东西	北西-南东	63～87	50	右旋走滑/正断	$Qp_3 - Qh$
	灵山断裂(南段)	北东东—北东	北西	70	180	正断/右旋走滑	Qp_{1-2}
f_{1-2}	石塘断裂	北东	南东	50	38	正断	Qp_{1-2}
f_{1-3}	那银断裂	北东	北西	81	20	逆断	Qp_{1-2}
f_{1-4}	丰塘断裂	北东	北西	65	50	右旋走滑	Qp_{1-2}
f_{1-5}	板露断裂	近东西	北	80	50	正走滑	Qp_{1-2}
f_{1-6}	箣竹断裂	北东	南东	80	18	正断/右旋走滑	Qp_{1-2}
f_{1-7}	西津-百合断裂	北东东	南西	63	40	正断	Qp_{1-2}
f_{1-8}	浦北-寨圩断裂	近南北	西	40～55	30	正断	Qp_{1-2}
f_{1-9}	六陈-北市断裂	北东	北西	50～65	50	右旋走滑	Qp_{1-2}
f_{1-10}	民乐-双凤断裂	北东	南东	50～70	60	右旋走滑	Qp_{1-2}
f_{1-11}	蟊格断裂	北东	南东	75	14	正断层	Qp_{1-2}
f_{1-12}	三合断裂	北东	南东	83	24	正断	Qp_{1-2}
f_{1-13}	容家断裂	近东西	北	72	20	挤压	AnQ
f_{8-1}	焦根坪-友僚断裂	北西	北东	65	14	左旋走滑	Qp_{1-2}

续表 3.1

编号	断裂名称	走向	倾向	倾角/(°)	长度/km	活动性质	活动时代
f_{8-2}	寨圩-六银断裂	北西	南西	78	80	左旋走滑	Qp_{1-2}
f_{8-3}	塘坡断裂	北西	北东	72	20	正断	Qp_{1-2}
f_{8-4}	佛子断裂	北西	北东	75	26	挤压	Qp_{1-2}
f_{8-5}	新圩断裂	北西	南西	82	19	压剪	Qp_{1-2}
f_{8-6}	龙渊坡断裂	近南北	西	81	8	左旋挤压	Qp_{1-2}
f_{8-7}	大水口断裂	近南北	西	74	7	左旋走滑	Qp_{1-2}
f_{8-8}	泗洲断裂	南北	西	80	10	张扭性	Qp_{1-2}

第三节 本章小结

（1）震中区第四纪地层主要为钦江水系两侧冲洪积层，可见钦江Ⅰ～Ⅳ级阶地，时代为中更新世—全新世。在罗阳山西北麓沿线发育 8 级洪积台地，其中Ⅰ～Ⅳ级台地为早更新世，Ⅴ～Ⅷ级台地为中更新世。

（2）根据区域第四系对比，震中区钦江水系两侧第四纪地层中Ⅰ级、Ⅱ级、Ⅲ级、Ⅳ级阶地分别与郁江流域第四纪冲积层桂平组第一层（Qhg^1）、望高组第二层（Qpw^2）、望高组第一层（Qpw^1）、白沙组（$Qpbs$）对应；洪积层第五层—第八层时代上与白沙组（$Qpbs$）对应。

（3）重点调查了震中区 21 条断裂，其中灵山断裂北段（佛子—寨圩段）在晚更新世和全新世还有活动，其余断裂均为早—中更新世断裂，晚更新世以来不活动。北东向断裂第四纪以来活动性质表现为正断-右旋走滑，北西向断裂第四纪以来活动性质表现为正断-左旋走滑。

第四章 活动断层勘查研究

根据震中区主要断裂活动性特征,北东向灵山断裂北段(佛子—寨圩段)在晚更新世甚至全新世以来有过活动,同时灵山6¾级地震发生在灵山断裂北段上。为进一步研究灵山断裂北段(图4.1)的活动特征、最新活动时代及其对沿线地质地貌特征的影响,对该段断裂开展详细的野外地质地貌调查与测量,通过研究该段断裂晚更新世以来及全新世对沿线地质地貌的影响,分析该段断裂晚更新世以来的活动特征,以及沿线地质地貌响应。

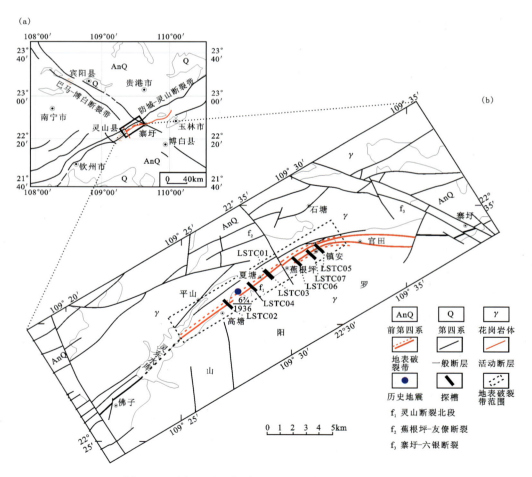

图4.1 震中区灵山断裂北段(f_1)展布及探槽分布情况

灵山断裂北段南起佛子,向北东方向经平山、灵家等地,沿罗阳山西北麓山前台地,经镇安、官田,在蕉根坪和寨圩附近分别被北西向蕉根坪-友僚断裂和寨圩-六银断裂切割,止于寨圩,全长约50km。该段断裂由多条相互平行的次级断裂组成。断裂南、北两侧分别为高山(罗阳山)和钦江上游分支河流谷地,高差较大,最大处可达750m。前人对灵山断裂北段的第四纪活动性有过初步研究。黄河生等(1990)通过分析土壤中汞气的含量变化指出罗阳山西北麓灵山断裂是灵山县内最活跃的断裂。李伟琦(1992)、周本刚等(2008)通过地貌及地质调查,认为位于罗阳山西北麓的北东东向灵山断裂北段是规模最大、活动性最强的断裂,以南区段未发现晚更新世以来活动的地质地貌表现。

第一节　地震地质调查

通过1∶5000地质填图发现,灵山断裂北段主要由佛子-寨圩断裂和镇安-寨圩断裂两条活动断裂组成,它们在晚更新世和全新世还在活动,下面进行重点叙述。

一、佛子-寨圩断裂

佛子-寨圩断裂总体走向北东—北东东,倾向南东或北西,该断裂具多期活动性质,第四纪以来主要表现为右旋走滑兼具正断倾滑活动特征,错断罗阳山山前中更新世以来形成的洪积扇、洪积台地及多级层状地貌面,多组断面发育。

在元眼坪附近,佛子-寨圩断裂错断冲沟和山脊,形成断头沟和跌水坡。自高塘村至校椅麓,断层形成一系列的坡中槽,并发育断层三角面。山鸡麓附近,断层陡坎发育,并形成槽谷地貌。鸭子塘、平南塘附近,在鸭子塘以西断裂活动形成北东向狭长的谷地,在鸭子塘和平南塘附近,形成山间盆地。

该断裂通过高塘、校椅麓、高垌、灵家、夏塘和蕉根坪等地,总体走向北东—北东东,倾向以北西为主。在洪积物中表现为1条切割砾石层的主断面及其上盘发育的一系列反向断层或同向断层(图4.2);在同震地表破裂带中表现为一系列左阶斜列的垂直断距在20cm～1m的次级陡坎,单条地裂缝长1～5m不等,宽15～40cm,深15～25cm,在基岩中断面多密集平行分布,与构造岩相间排列。在罗阳山山前形成沿断裂断续分布的地貌陡坎、断层槽地、断层凹地等反常地貌形态,剖面上构成正花状构造,并可能与深部断裂系统相连。

该断裂早期主要表现为压性逆断性质,晚期在剖面上表现为正断性质,使砾石层与花岗岩体呈断层接触,同时使粗—细砾石层在断裂两侧产生正断错移并在主断面上盘伴生反向正断层(图4.3、图4.4)。在平面上可见罗阳山山前通过该断裂的冲沟及小河产生右旋偏转。沿该断裂在罗阳山山前台地上分布一系列陡坎及断裂槽地。综上所述,该断裂最新一期活动性质为右旋走滑兼正断。

该断裂在北西向佛子断裂与蕉根坪-友僚断裂之间区段活动性显著增强,切割中—晚更新世以来发育的洪积扇、洪积台地及2～3级地貌面。

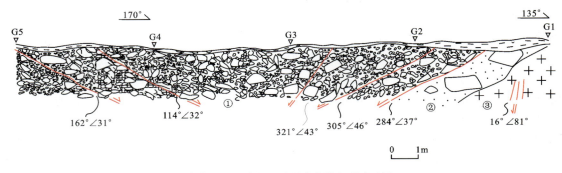

①冲洪积层；②残积层；③风化花岗岩；④腐殖层

图4.2 高垌南200m洪积台地中佛子-寨圩断裂发育情况

图4.3 主断面出露情况（镜向西）　　　图4.4 残坡积层中的砾石被断面切断

新发现的1936年灵山6¾级地震地表破裂带西支就位于该断裂上。古地震研究结果表明，该断裂上发生过多次古地震事件。地震地质研究结果表明，该断裂晚更新世（约17 000a）以来水平位移速率为1.27~1.54mm/a，垂直位移速率为0.53~0.65mm/a；全新世仍有活动，约2360a以来水平位移速率为1.21~1.63mm/a，垂直位移速率为0.53mm/a。

综上所述，该断裂为全新世活动断裂。

二、镇安-寨圩断裂

该断裂走向北东—北东东，全长约8km，整体展布于灵山震中区东北部，为震中区规模较大的几条断裂之一。镇安-寨圩断裂西起蕉根坪，经过平村、百花村、合口、官田、木山村，止于上木山以东1km处。

沿该断裂负地貌明显发育。该断裂的西南段，即蕉根坪至合口段，断裂沿花岗岩质山体山脚线发育，断裂的西北侧为地势较低的侵蚀盆地，花岗岩山体与侵蚀盆地相交处发育大量台地，在平村附近多处可见山前台地被断裂切割形成凹陷。该断裂的东北段，即合口以东段,沿断裂发育线性谷地及河流。整体上看,该断裂对地形地貌有较明显的控制作用,表明该断裂活动性较强。

在平村东100m的地方,可见该断裂发育于灰岩与花岗岩的分界线处。破碎带宽约4m(图4.5、图4.6),为山坡边坡底部一凸出岩体,露头下部出露黄色和灰色断层角砾岩,局部已风化成粉砂状,其中发育几条小断层。露头顶部为风化残积层,与下部基岩之间有一条明显的灰色分界面,该分界面局部凹凸不平。本露头西边发育北西向小河,其与断裂交会处发生约10m的左旋错移。在平村西100m附近冲洪积扇体上开挖探槽LSTC07揭露该断裂错动全新世洪积扇地层。

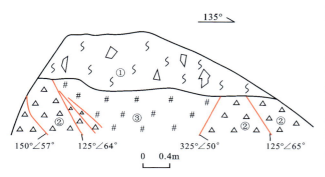

①河流Ⅱ级阶地堆积物;②角砾岩带;③碎裂岩带
图4.5 镇安-寨圩断裂构造剖面图(平村东100m)

图4.6 平村镇安-寨圩断裂出露现状(镜向东)

在镇安-寨圩断裂上发现了1936年灵山6¾级地震的地表破裂带东支,发育有地震陡坎,在蕉根坪小黄皮江附近出现地震断层错动Ⅰ级阶地以及右旋错移水系冲沟等现象。

为进一步研究镇安-寨圩断裂上地表破裂带以及该断裂的活动性,在该断裂经过的蕉根坪和平村等地分别开挖探槽LSTC05、LSTC06及LSTC07。探槽LSTC05揭露的断层错动砾石层,形成砾石定向,错动地层平均年龄为2360a;LSTC06错动河流Ⅰ级阶地砾砂层、砂土层等;LSTC07错动^{14}C年龄为(2260 ± 30)a和(110 ± 30)a的洪积扇前缘地层。综上所述,根据地质、物探等结果,镇安-寨圩断裂确定为全新世活动断裂。

第二节 探槽开挖

为进一步研究灵山断裂北段的活动性和最新活动时代以及1936年灵山6¾级地震产生的地表破裂带展布、地表破裂类型、最大位错量及古地震等,为灵山地区地震监测、防震减灾、工程建设等提供可靠的地质资料,根据探槽施工相关技术规范要求,结合灵山震区实际地形及地质地貌条件,以揭露地层界线、断裂构造及其活动遗迹为主要目的,在灵山断裂北段,尤其是新发现的两条地表破裂带上进行探槽研究,总计开挖探槽7个(表4.1),所布设探槽槽口宽度大于2m,槽底宽度不小于1.5m,探槽深度在2～5m之间,以揭露基岩为准。

表 4.1 探槽相关信息一览表

编号	经度(E)	纬度(N)	长/宽/深/m	位置
LSTC01	109.4800199	22.53432943	10/2/2.4~3	夏塘水库 75°方向 616m 山梁处
LSTC02	109.447175	22.51826944	13/2/3	高塘北 700m
LSTC03	109.4800394	22.53431772	15/2/1.7~4.5	夏塘水库 75°方向 616m 山梁处
LSTC04	109.4650789	22.53083557	12/1.5/2	尖山村北 200m
LSTC05	109.5032022	22.54325819	6/3/1.8	平村村口 214°方向 84m 处
LSTC06	109.4987958	22.54019052	14.5/1.5/1.7~2	蕉根坪酸笋厂 172°方向 73m 处
LSTC07	109.5025351	22.54236316	13/2/2.4~2.6	平村村口 214°方向 205m 处

一、探槽编录原则

本次槽探编录工作参照《固体矿产勘查原始地质编录规程》和《活动断层探测》(GB/T 36072—2018)相关要求,主要包括以下几个方面:

(1)编录素描前,首先了解探槽总体情况,特别是对主要地层特征、构造现象、错动遗迹观察清楚后,选择地质现象丰富且完整的槽壁进行编录。

(2)使用瓦钉和白线在探槽两壁上分别建立 1m×1m 的网格,采取图像、图形与文字并用的方式,根据断层行迹、地层岩性与沉积结构、沉积界面或间断面等划分基本编录单元,进行图文描述。

(3)探槽素描图所用比例尺为 1:20,绘一壁一底,素描图上均绘出各种地质界线,还标记出岩层和矿层产状、样段位置、样长等,并标明产状及样号。

(4)探槽端点由测量人员用高精度的静态 GPS 进行定测。

(5)室内及时进行整理,并清绘成图。

二、年龄样品采集

采集与地震事件相关地层的样品做年龄测定,限定古地震事件发生年代,每次事件的有效年龄数据不少于 2 个,探槽年龄样品拟采用光释光和 ^{14}C 测年方法进行测试。

1. 光释光样品采集

(1)首先根据断层错动地层及错动遗迹情况,在探槽壁上选择合适的采样点。

(2)样品采集时尽可能避光,先去除 30~50cm 的表样,在探槽壁岩性均一的细粉砂、亚砂土中采集,利用铁锤将 25cm×6cm 的铁圆筒敲入 15~20cm,取新鲜样品,记录采样点地理位置、标高、层位、埋深、岩性、样品周围是否有放射性污染源等,并估计样品的年龄。

(3)样品采集后维持样品原状,用锡纸密封铁圆筒两端,防止漏光和水分的丢失,样品存放在远离高温的环境。

2. ^{14}C 样品采集

（1）首先根据断层错动地层及错动遗迹情况，在探槽壁上选择合适的采样点。

（2）为避免现代碳污染样品，先应清除表面风化浮土 20～30cm，用小刀轻刮探槽壁土壤，剔除现代树根和避开鼠洞，寻找合适的碳样，用锡箔纸将样品包裹后装入塑料袋中并封口，在样品袋上写上取样地点、日期和样品类别。

（3）记录采样位置的经纬度，样品周围地质、岩性、地下水位等情况，测量样品的埋深。

三、各探槽编录情况

1. 探槽 LSTC01

探槽 LSTC01 位于夏塘水库 75°方向 616m 山梁上，探槽 LSTC01 走向 150°，长 10m，深 2～2.8m，宽 1.5m，揭露出 6 个地层单元，由下到上依次为层⑥、层④、层③、层⑤、层②、层①（图 4.7）。

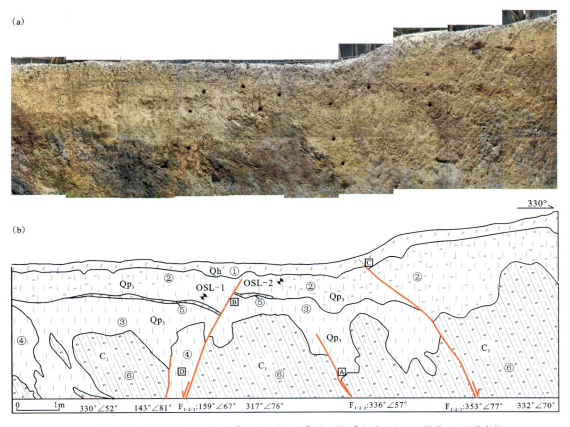

①耕植土；②褐黄色黏土；③土黄色黏土；④褐红色黏土；⑤砾石层；⑥泥岩；OSL样品；地震事件

图 4.7 夏塘探槽 LSTC01 野外现状(a)和剖面图(b)

层①：耕植土，时代较年轻。

层②：褐黄色黏土，含砾石、结核等，厚40～80cm。探槽LSTC01中层②顶部OSL样品OSL-2年龄为(9.34±1.64)ka，底部OSL样品OSL-1年龄为(17.4±1.9)ka。

层③：土黄色黏土，整体结构均匀，局部含少量白色姜石，厚度30～50cm。

层④：褐红色黏土，为基岩上覆土层，时代较老。

层⑤：砾石标志层，砾石大小0.5～2cm，露头规模较小，位于层②底部与层③顶部之间，形成时代处于层③堆积之后，层②堆积之前。

层⑥：石炭系碳质泥岩，黑色、灰黑色，风化较强，局部残留层理清晰。

2. 探槽LSTC02

探槽LSTC02位于高塘北700m，坐标为22°31′5.77″N，109°26′49.83″E。探槽走向320°，长约13m，宽约2m，深约3m。探槽揭露防城-灵山断裂带早期活动形成的劈理化泥岩及一套河流牛轭湖相沉积序列（图4.8）。早期劈理化泥岩沿劈理面可见灰白色方解石薄膜发育（图4.9左），上有擦痕及阶步，指示早期为逆断性质。剖面中部及北西侧见有后期次级小断面切入早期劈理化泥岩中（图4.9右），小断面附近厚1～3cm的灰黄色泥质断层物质均已固结，均未切入上部灰色泥质物质中。

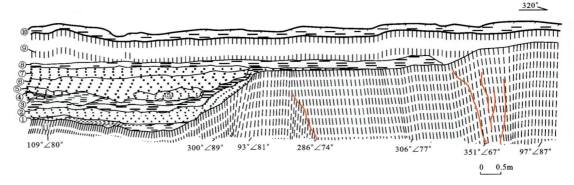

①青灰色淤泥；②青灰色中一细砂；③灰黑色粉砂质淤泥；④灰白色淤泥；⑤灰白色细砂；⑥灰黄色细砂；⑦黄褐色细—中砂；⑧灰色黏土；⑨红褐色黏土；⑩黄褐色耕植土；⑪灰—灰黄色劈理化泥岩

图4.8　高塘北700m处探槽LSTC02剖面图

3. 探槽LSTC03

探槽LSTC03与LSTC01相距约5m，走向161°，长14.5m，深1.7～4.5m，宽1.5m，揭露出8个地层单元（图4.10），由下到上依次为层⑥、层④、层③、层⑦、层⑤、层②、层⑧、层①。该探槽揭露的地层单元除层⑦、层⑧外，其余与探槽LSTC01基本一致。

层①：耕植土，时代较年轻。

层②：耕植土下褐黄色黏土，含砾石、结核等，厚40～80cm。层②顶部OSL样品OSL-5年龄为(9.66±0.72)ka，底部OSL样品OSL-4年龄为(16.51±1.58)ka。

图 4.9　早期劈理面附近方解石薄膜及擦痕（左）和后期次级断面附近发育的断层物质（右）

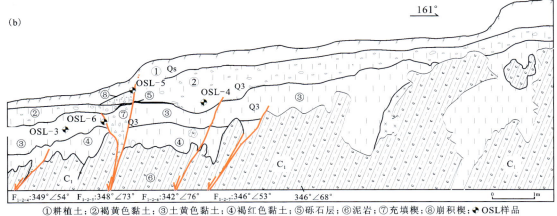

①耕植土；②褐黄色黏土；③土黄色黏土；④褐红色黏土；⑤砾石层；⑥泥岩；⑦充填楔；⑧崩积楔；✦OSL样品

图 4.10　夏塘探槽 LSTC03 野外现状（a）和剖面图（b）

层③：土黄色黏土，整体结构均匀，局部含少量白色姜石，厚 30~50cm。探槽 LSTC03 中层③底部 OSL 样品 OSL-3 年龄为 $(36.3±6.3)$ ka。

层④：褐红色黏土，为基岩上覆土层，时代较老。

层⑤：砾石标志层，砾石大小0.5～2cm，露头规模较小，位于层②底部与层③顶部之间，形成时代处于层③堆积之后，层②堆积之前。

层⑥：石炭纪碳质泥岩，黑色、灰黑色，风化较强，局部残留层理清晰。

层⑦：该地层单元剖面上类似地震充填楔，呈倒三角形状，由层③土层、砾石等组成，形成于层②堆积之前或堆积早期，光释光OSL样品OSL-6年龄为(24.91±2.34)ka。

层⑧：地震崩积楔，剖面上呈三角形状，由层②、层①和少量砾石组成，砾石处于崩积楔底部，形成于层②堆积之后，层①堆积过程中。

4. 探槽LSTC04

探槽LSTC04位于尖山东300m处长山岭与尖山岭之间小溪南15m田埂之下(22°31′50.9″N，109°27′54.70″E)。该探槽(图4.11)中发育断裂带宽约13m，主要由断层片理化带(图4.12左)、断层破碎带和次级断裂组成。其中，片理化带有2处，靠东侧宽4m，靠西侧宽约1m，该带基岩片理发育，其内可见多条次级断层发育，原岩成分为含碳质泥页岩。次级断面上可见擦痕、阶步发育(图4.12右)，指示具右旋走滑兼正断性质。破碎带发育宽约4m，该带基岩十分破碎，其内发育多条次级断层，基岩层理由于破碎几乎不可见。断裂带中可见7条次级断层发育，其中6条错断至上覆残坡积层和冲洪积层，在冲洪积层中可见砾石层呈定向排列，并可见错断其内砂泥质胶结物标志层，断距约10cm，呈正断性质。在基岩与残坡积层分界处可见局部有残坡积物挤进至基岩中。断裂带整体呈负花状构造。综上所述，该断裂性质为右旋走滑兼具正断性质，总体为断裂带负花状构造的南支。

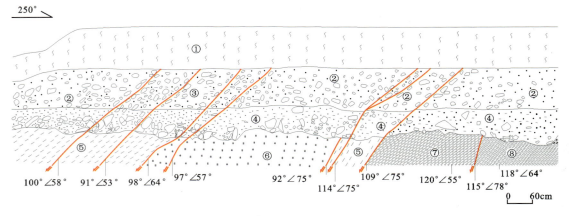

①灰黑色残积黏土；②冲洪积物；③砂泥质胶结物；④河流冲积物(残坡积物)；⑤片理化带；⑥断裂破碎带；⑦棕色含碳质泥岩；⑧棕黄色含砂粉质泥页岩

图4.11 尖山东300m探槽LSTC04剖面图

层①：灰黑色残积黏土，厚50～110cm不等，主要成分为黏土矿物(85%)和石英颗粒(15%)。

层②：冲洪积物，厚约100cm，主要包含砾石、粉砂和黏土，其中砾石含量约80%，砾石大小5～20cm，大部分在10～20cm之间；粉砂成分主要为石英颗粒，含量约10%，黏土成分主要为黏土矿物,含量约 10%。

层③:冲洪积物中的一层砂泥质胶结物,厚约 10cm,被断层错断,错距有 10cm 左右。

层④:残坡积物,厚 60~80cm,主要包括砾石、粗砂和黏土。其中砾石含量约 50%,粗砂含量约 40%,黏土含量 10%,砾石大小 5~30cm 不等,多数为 10~15cm。粗砂多为石英,大小 0.5~1cm 不等,该层具有上细下粗的特点。

层⑤:断裂片理化带,该带基岩片理发育,其内可见多条次级断层发育,原岩成分为含碳质泥页岩。次级断面上可见擦痕、阶步发育,指示具右旋走滑兼正断性质。

层⑥:断裂破碎带,该带基岩十分破碎,其内发育多条次级断层,基岩层理由于破碎几乎不可见,原岩为土黄色含粉砂质泥岩。

层⑦:棕色含碳质泥岩,新鲜色为棕色,泥质结构成分主要为泥质(90%)和碳质(10%)。

层⑧:棕黄色含砂粉质泥页岩,新鲜色为棕黄色,泥质结构,粉砂质结构,成分为黏土矿物(95%)和石英(5%)。

图 4.12　断裂带中片理化带(左)和基岩中断面上擦痕、阶步发育情况(右)

5. 探槽 LSTC05

探槽 LSTC05 位于灵山县平村村口 214°方向 84m 小河沟旁的人工鱼塘处,探槽长约 4.5m,深约 1.5m。地层主要为第四系耕植土、松散河流相堆积物、冲洪积物、风化泥岩层(图 4.13)。

层①:耕植土。

层②:含砾石粗砂,厚 45cm,最厚处约 75cm,砾石大部分为石英颗粒,可见少量白色长石,中部光释光 OSL 样品 LSYT01、LSYT02、LSYT03、LSYT04 平均年龄为 2360a。

层③:砾石层,砾石主要为花岗岩,整体磨圆好,分选差,为洪冲积物,局部砾石磨圆差,呈棱角状。砾石大小 0.5~40cm 不等,厚 40~60cm 不等,局部由于断层作用定向排列。断面产状 115°∠67°。靠河床砾石分选、磨圆好,远离河床,分选、磨圆较好。

层④:风化泥岩,岩层产状 118°∠56°,断裂附近呈灰黑色,构造角砾发育,角砾大小 1~15cm 不等,呈棱角状。

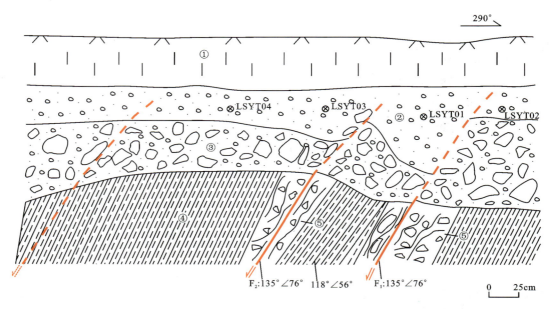

①耕植土；②含砾石粗砂；③花岗岩砾石层；④白色夹灰黑色泥岩；⑤角砾岩带

图4.13 平村西84m鱼塘探槽LSTC05西壁剖面图

根据各地层的错移以及砾石长轴排列情况（图4.14），可推断探槽剖面上至少存在2条断裂，即F_1、F_2，走向北东，倾角在50°～70°之间，2条断裂同时错动松散河流相堆积物含砾砂，在剖面上表现出正断性质，地层中部光释光OSL样品平均年龄为2360a。因此，可以基本确定砾石定向及断层错移地层是由1936年灵山6¾级地震造成的。

图4.14 F_1断裂砾石长轴定向排列（a）和F_2断裂砾石长轴定向排列（b）

F_1：断裂位于剖面西侧，产状115°∠67°。可见其切穿基岩，断面两侧发育有角砾岩带，宽40～50cm。断面附近还可见劈理化带，宽约20cm，其产状与断面产状基本一致。断裂向上延伸切穿上覆砾石层，沿断面方向，砾石长轴定向排列明显，构成断面方向，由于断裂作用形成楔状体，垂直断距45cm。

F_2：断裂位于剖面中部，产状135°∠76°。基岩中可见构造角砾岩发育，角砾为灰白色泥岩。断裂向上错动砾石层，垂直断距约18cm，沿断面，砾石长轴定向排列，断裂上盘砂土层下滑到断裂小坎处，形成楔状体砂土。

综上所述，根据探槽LSTC05揭露的两条断裂错动土层时代，基本可以判断这两条断裂为灵山1936年6¾级地震形成。

6. 探槽LSTC06

探槽LSTC06位于蕉根坪酸笋厂172°方向73m处，走向161°，长14.5m，深1.7～2m，宽1.5m。

（1）探槽LSTC06西壁（图4.15）内揭露的地层自上而下可分为：

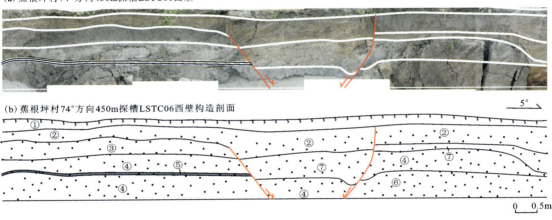

①灰褐色耕植土；②黄褐色中砂含黏土；③灰色中砂；④灰白色中砂；⑤黑色标志层；⑥黄褐色黏土；⑦黄白色中砂

图4.15 探槽LSTC06西壁剖面图

层①：灰褐色耕植土，该土层内含有较多植物根系，土层较为松散。

层②：黄褐色中砂含黏土，该层内中砂成分较多，含少量黄褐色黏土，岩石较为松散。

层③：灰色中砂，该层主要为中砂成分，含极少量黏土，岩石松散。

层④：灰白色中砂，该层为灰白色中砂颗粒，几乎不含黏土，岩石松散，流动性较强。

层⑤：黑色标志层，该标志层中主要为黏土成分。

层⑥：黄褐色黏土，该层主要为黏土，含少量中砂，黏土中混有铁质。

层⑦：黄白色中砂。

探槽揭露了一条倾向北的断层和一条倾向南的断层。倾向北的断层切割了层③灰色中砂和层④灰白色中砂以及层⑤黑色标志层，扰动了层②黄褐色中砂含黏土，使黄褐色中砂含黏土层往下掉落，判断为正断性质。倾向南的断层切割了层④灰白色中砂和层⑥黄褐色黏土，扰动了层②黄褐色中砂含黏土，使黄褐色中砂含黏土层往下掉落，判断为正断性质。两反倾向断层使得层②黄褐色中砂含黏土层夹在两断层的部分明显向下凹陷。

（2）探槽LSTC06东壁（图4.16）内揭露的地层自上而下可分为：

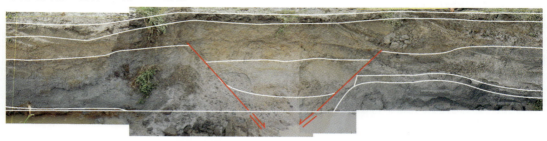

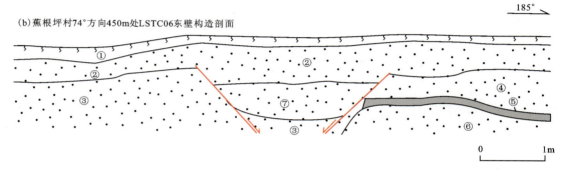

①灰褐色耕植土；②黄褐色中砂；③灰色中砂；④灰白色中砂；⑤黑色标志层；⑥灰色中砂；⑦黄褐色黏土

图 4.16　探槽 LSTC06 东壁剖面图

层①：灰褐色耕植土，该土层内含有较多植物根系，土层较为松散。
层②：黄褐色中砂含黏土，该层内中砂成分较多，含少量黄褐色黏土，土层较为松散。
层③：灰色中砂，该层主要为中砂成分，含极少量黏土，土层松散。
层④：灰白色中砂，该层为灰白色中砂颗粒，几乎不含黏土，土层松散，流动性较强。
层⑤：黑色标志层，该标志层主要为黏土。
层⑥：灰色中砂。
层⑦：黄褐色黏土，该层主要为黏土，含少量中砂，黏土中混有铁质。

探槽揭露了一条倾向北的断层和一条倾向南的断层。倾向北的断层切割了层④灰白色中砂和层⑥灰色中砂及层⑤黑色标志层，扰动了层②黄褐色中砂含黏土，使黄褐色中砂含黏土层往下掉落，判断为正断性质。倾向南的断层切割了层③灰色中砂和层⑦黄褐色黏土，扰动了层②黄褐色中砂含黏土，使黄褐色中砂含黏土层往下掉落，判断为正断性质。两反倾向断层使得层②黄褐色中砂含黏土层夹在两断层的部分明显向下凹陷。

7. 探槽 LSTC07

探槽 LSTC07 位于平村村口 214°方向 205m 处，长 12m，宽 1.5m，深 3m 左右，地貌上处于冲洪积台地之上。

(1)探槽东壁(图 4.17)揭露出 3 个第四纪地层单元及下部基岩层,自上至下依次为:

层①:深灰色耕植土;

层②:黄色含少量砾石砂土层,顶部为黄褐色土层;

层③:灰白色砂砾石层,砾石含量明显较层②多;

层④:强风化灰白色花岗岩。

主要断裂及破碎带发育在探槽中部,破碎带由两条倾向相反的断面所夹持,两条断裂均切穿层②,被层①覆盖,但断裂对层①有扰动作用,从错断标志层判断这两条断裂均具正断性质。破碎带上部层①底部有砂土液化现象,指示此处断裂活动较为强烈。

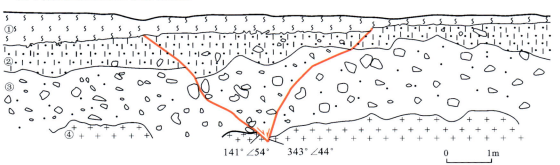

①深灰色耕植土;②黄色含少量砾石砂土层;③灰白色砂砾石层;④强风化灰白色花岗岩

图 4.17 平村探槽 LSTC07 东壁野外现状(a)和剖面图(b)

(2)探槽西壁(图 4.18)揭露出的地层自上而下依次为:

层①:深灰色耕植土,厚约 20cm,主要成分为黏土,含少量细砂。

层②:含少量砾石砂土层,土黄色,厚 30~100cm 不等,顶部 ^{14}C 样品 C14-1 年龄为 (110 ± 30)a,中下部 ^{14}C 样品 C14-1 年龄为 (2260 ± 30)a,主要为砂夹黏土。砂的主要成分为花岗岩风化石英颗粒,局部可见砾径在 5~15cm 的砾石,磨圆较好。

层③:灰白色花岗岩砾石层,厚 50~100cm 不等,砾石基本都为花岗岩质,分选较差,风化较严重,但大部分还是能见到残留的砾石形状,磨圆较好,砾石间为砂土充填。

层④：黄色花岗岩砾石层，厚 40~70cm，砾石成分为花岗岩质，整体铁质风化呈黄褐色，局部可见铁质风化壳标志层。

层⑤：花岗岩，风化较严重，局部残留较平直节理或次级断裂。

探槽东、西两壁构造现象基本一致，可见两条反倾向的主断裂 F_1、F_2。

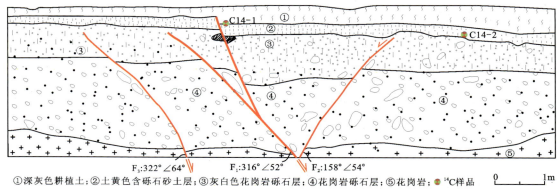

图 4.18　平村探槽 LSTC07 西壁野外现状(a)和剖面图(b)

断裂 F_1 倾向 316°，倾角 52°，断面较平直。断裂切断基岩表面风化壳标志层，指示正断性质，断裂向上切割至砾石层，最后隐没于土黄色含砾石砂土层中，在砾石层局部可见砾石长轴沿断面定向排列。断裂切割土黄色砂土层造成砂土层向下滑动，垂直位移约 20cm。

断裂 F_2 倾向 158°，倾角 54°，断面较平直。由于该断裂的作用，基岩表面风化壳标志层被向下拖曳至与断面大致平行。断裂向上切割砾石层及土黄色砂土层，砾石层局部砾石长轴沿断面定向排列，土黄色砂土层被错断，上盘下滑，垂直位移约 10cm。

断裂 F_3 为一边部次级断裂，倾向北西，同样切割花岗岩、砾石层，对土黄色砂土层稍有错动。

断裂 F_1 与 F_2 在剖面上呈倾向相反的两条断裂，构成负花状构造的上部反倾向正断裂，两条断裂向深部延伸应会合为一条走滑性质的断裂，整体构成负花状构造。在两条断裂所夹地层上部耕植土与土黄色砂土层界线处，可见火焰状原生沉积构造现象。

第三节 晚更新世以来的地质特征

灵山断裂北段沿罗阳山北麓山前冲洪积台地及河流沟谷发育，周本刚等(2008)在高垌南山前残留洪积台地后缘断层槽处发现断层向上依次错动灰蓝色的粗砂砾石层、灰红色或灰黄色粗砂黏土层[(169±16)ka]，被时代较新的灰黑色耕植砂土层覆盖，据此证明断层对中—晚更新世地层有错动，确定灵山断裂北段中更新世晚期以来发生过错动地表的活动，但并未明确指出晚更新世以来的活动情况。根据地质地貌调查、探槽及年代学研究，初步判断灵山断裂北段晚更新世甚至全新世都有过活动，但对该断裂晚更新世以来的活动性质、表现形式及其对沿线地质地貌的影响均没有相关研究。本节综合运用地震地质调查、地质地貌调查、高分辨率遥感影像解译、探槽及年代学测试等手段，对灵山断裂北段晚更新世以来的地质特征进行了详细研究。灵山断裂北段晚更新世以来的地质特征的研究，有利于了解该断裂晚更新世以来的活动性质、规模、运动速率及其对沿线地质地貌的影响，同时可利用研究结果对该断裂未来的活动情况进行科学的判断和预测。

沿灵山断裂北段追索调查及开挖验证探槽，发现多处能证明该断裂错动晚更新世及全新世地层的断层剖面。在夏塘水库东500m左右山梁处探槽LSTC03剖面揭露了5个地层单元[(图4.19(a)]，其中层①、层②、层③、层④为第四纪地层单元，层⑤为石炭纪地层。从下到上依次为层⑤黑色强风化碳质泥岩，层④黄褐色黏土，层③土黄色黏土，层②含砾石黏土，层①耕植土。断层正断作用错动了层②和层③，被层②上部及层①覆盖，层②光释光OSL样品年龄为(16.51±1.58)ka，层③光释光OSL样品年龄为(36.3±6.3)ka，据此可确定该断裂晚更新世以来有过错动地表的活动。在蕉根坪附近断裂错移水系、山前洪积台地扇体以及河流Ⅰ级阶地。

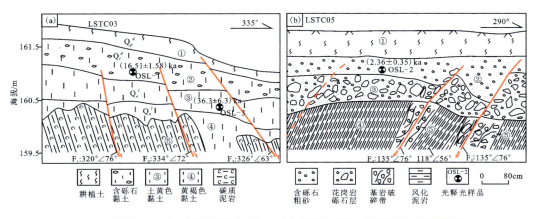

图4.19 探槽LSTC03西壁断层剖面图(a)和探槽LSTC05西壁断层剖面图(b)

在镇安村南(平村西250m)探槽LSTC07处发现断层错动最新一级山前洪积台地前缘扇体的断层剖面，剖面上出露4套第四纪地层，从下到上依次为砾石层(砾石为强风化花岗岩)、褐黄色含黏土砾石粗砂、褐黄色含砂黏土、耕植土。断层正断错动砾石层(砾石为强风化花岗岩)、褐黄色含黏土砾石粗砂,对褐黄色含砂黏土有扰动,褐黄色含砂黏土层下部[14]C样品年龄为(2260±30)a,表明断层在全新世活动。在平村西50m附近小河流旁Ⅰ级阶地上开挖的探槽LSTC05揭露4套地层[图4.19(b)],从下往上依次为层④风化泥岩,层③花岗岩砾石,层②含砾石粗砂,层①耕植土,多条断层正断作用错动第四纪地层(③、②),被层②上部和层①覆盖,层②下部光释光OSL样品OSL-2年龄为(2.36±0.35)ka,表明断层在该处错断了全新世Ⅰ级阶地。

断层正断作用错动第四纪地层,表明灵山断裂北段在晚更新世乃至全新世以来有错动地表的活动,运动性质主要表现为右旋走滑兼正断,同时1936年灵山6¾级地震地表破裂带的发现也为灵山断裂北段晚更新世以来活动提供了直接证据。

第四节 晚更新世以来的地貌特征

地貌(landform)是地表外貌各种形态的总称。构造地貌(structural landform)是由地球内力作用直接造就的和受地质体与地质构造控制的地貌。活动断层的活动对地貌、水系和地层产生影响,利用这些现象可以推断活动断层的存在。灵山断裂北段对沿线构造地貌控制较明显,前人对罗阳山西北麓沿灵山断裂北段发育的规模巨大的断层三角面及彼此相连的洪积扇有过研究,但都没有系统地对晚更新世以来灵山断裂北段的地貌特征进行分析。笔者对灵山断裂北段(地表破裂带段)的地貌特征进行了较为详细的调查,发现断裂沿线地貌特征主要有断错冲沟水系、冲洪积扇体变形、断错河流阶地、陡坎等(图4.20)。

1. 错断冲沟水系

罗阳山北麓山前发育一系列北西向冲沟水系,周本刚等(2008)统计了灵山断裂北段沿线27km范围内的22条中—晚更新世以来的冲沟水系流向,其中有超过一半的冲沟水系在断裂经过处发生右旋偏转,偏转量50~150m不等。在高垌南、蕉根坪(图4.20)均可见水系被断层右旋错移拐弯,位移量分别为180m、170~226m,这两处水系的错移位置刚好位于主断面附近,右旋位移量较大。沿线也发现多个小冲沟水系发生了右旋错移,位移量相对高垌南、蕉根坪等地要小得多,结合地表破裂带研究成果,推断右旋位错为1936年灵山地震造成。在校椅麓南200m左右山前发育最新洪积扇,扇体两侧伴随发育冲沟水系,断层通过处扇面略微变宽,冲沟水系被同步右旋错移,如图4.21(a)所示。

2. 冲洪积扇体变形

灵山断裂北段沿罗阳山北麓发育,由于受构造活动的影响,在山鸡麓、平村、高塘、夏塘、高垌等地山前发育至少5级冲洪积台地,灵山断裂北段发育在Ⅱ级与Ⅰ级洪积扇接触部位,Ⅱ级洪积扇的扇缘相缺失,直接与Ⅰ级洪积扇的扇顶相接触,表明Ⅱ级洪积扇的扇缘相被北东向的灵山断裂北段切割错断。周本刚等(2008)在高垌南(图4.20)Ⅲ级台地顶部采集的TL法样品年龄为(169±16)ka,属中更新世中晚期台地,断裂切过台地,在其表面形成断层

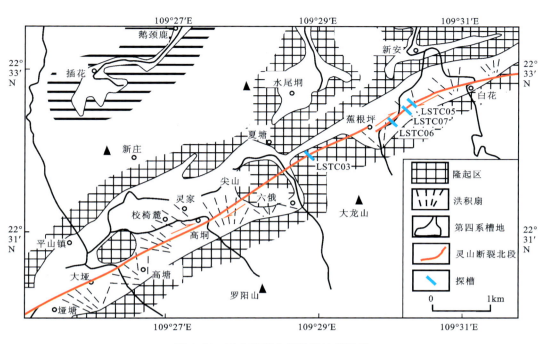

图4.20 灵山断裂北段沿线地貌特征

图4.21 水系冲沟右旋错移(a)、扇体变形及陡坎(b)、台地错移(c)及河流阶地错移(d)

槽地，推断为晚更新世以来的断裂活动。在平村西250m处，发育冲洪积扇体，断裂通过处扇面变宽，伴随发育高约1.2m的陡坎[图4.21(b)]，距此处以西约100m附近，断裂经过山前洪积台地，由于正断作用，形成陡坎及多级台地[图4.21(c)]。

3. 错断河流阶地

钦江流经灵山县平山镇、佛子镇、灵城镇、三海镇等地，其Ⅰ级阶地形成于全新世，Ⅱ级、Ⅲ级阶地分布广泛，分别形成于晚更新世、中更新世晚期。在平山镇灵家、高垌等地，阶地级数增多，由于新构造运动抬升，同级阶地的高度明显高于中、下游，发育在罗阳山北麓山前海拔150m左右的洪积台地，其时代相当于钦江Ⅱ级阶地。平山镇中学附近沙梨江广泛发育Ⅱ级阶地，北东向断裂切过阶地，形成断层槽地，局部对Ⅰ级阶地也有错移，推测为晚更新世以来断裂活动造成。蕉根坪小黄皮江发育Ⅰ级、Ⅱ级阶地，结合构造地貌推测其时代分别为全新世、晚更新世。小黄皮江晚更新世以来被右旋错移近200m，同时河流Ⅰ级阶地被右旋错移，并伴随有跌水现象[图4.21(d)]，在Ⅰ级阶地上开挖探槽LSTC06(图4.15、图4.16)，揭露出该断裂错动Ⅰ级阶地上部地层。在平村西LSTC05(图4.14)附近断裂经过错移水系冲沟，小河的Ⅰ级阶地（高河漫滩）同步右旋错移，Ⅰ级阶地上部地层年龄约2360a，表明该断裂全新世仍有活动。

通过分析灵山断裂北段错断冲沟水系、错移冲洪积扇体前缘、错断河流阶地等地貌现象，结合错动地层情况，可以确定灵山断裂北段晚更新世以来主要表现为右旋走滑兼正断的活动特征。

第五节 晚更新世以来运动速率分析

活动断层的运动性质都与断层所受到的应力状态有关，或拉张，或剪切，或挤压，相应形成正断层、走滑断层和逆断层。位移总量是求得活动速率的基础，如果求得活动年代就可以获得平均活动速率，二者都是活动断层定量研究的重要内容。吴卫民等(1995)在色尔腾山山前西段利用临河坳陷石油地震勘探资料得到了下降盘第四纪下降幅度，利用山麓地带第四纪地层的出露高度来近似代表第四纪以来上升盘的抬升高度，将二者相加获得了断层第四纪以来的相对位移总量，进而求得了各段的活动速率，他同时还利用全新世断层陡坎上、下原始面的垂直高度差得到了全新世以来的垂直位移幅度和垂向活动速率。

前人研究认为，灵山断裂北段最新活动性质为右旋走滑兼正断。野外对灵山断裂北段沿线地质地貌特征调查分析，发现该断裂对沿线地貌控制明显，主要表现在：平面上对水系冲沟、阶地、台地及山脊线等地貌标志的右旋错移；剖面上形成陡坎或扇面坡度的变化。本节主要通过测量断裂影响的地貌标志水平及垂直位移量，结合地层时代计算晚更新世及全新世水平、垂直位移速率。

在夏塘水库东山梁开挖的探槽LSTC03揭示断裂错动晚更新世地层(图4.6)，表明晚更新世以来有过活动。此处断裂经过处山体被右旋错移，位移量为23m，同时形成高约9.74m的地貌陡坎(图4.22)。探槽LSTC03揭露的层②覆盖于层③上，层②分布广泛，层③仅零星分布在探槽附近，层②光释光 OSL 样品年龄为(16.51±1.58)ka。断层同时错移层②和层③，利用层②地层的年龄计算得到的断层在层②(约17ka)形成以来的水平位移速率为1.27～1.54mm/a，垂直位移速率为0.53～0.65mm/a。在高垌南断裂通过处冲沟被右旋错移，位移量约180m。周本刚等(2008)在冲沟东侧洪积台地上发现断层切割台地砾石层[(169±16)ka]，推断该断裂中更新世晚期以来活动，据此计算得到的中更新世中晚期以来水平位移速率为0.97～1.18mm/a。相比于17ka以来水平位移速率略小，表明晚更新世以来活动性可能有所增强。

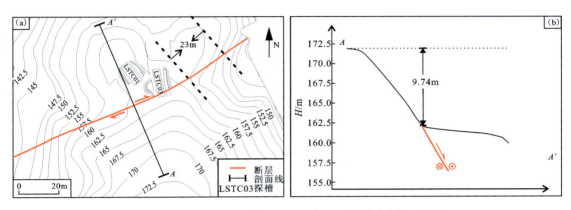

图 4.22　夏塘村台地右旋错移平面图(a)和断层陡坎剖面图(b)

在平村西 250m 附近发育新洪积扇，断裂切过扇体，扇体被右旋错移，同时扇面坡度变化，垂直位移约 1.2m[图 4.21(b)]，在扇体上开挖的探槽 LSTC07(图 4.18)揭露断裂错动全新世地层，地层^{14}C 年龄为(2260±30)a，据此计算得到的断裂约 2260a 以来的垂直位移速率为 0.53mm/a。距此处 100m 附近的山前小河流的Ⅰ级阶地由于受断裂活动的影响，被右旋错移(图 4.23)，位移量为 3.27m，在Ⅰ级阶地上开挖的探槽 LSTC05(图 4.14)地层光释光年龄为(2.36±0.35)ka，计算得到约 2360a 以来的水平位移速率为 1.21～1.63mm/a。约 2360a 以来的水平和垂直运动速率与 17ka 以来的运动速率基本一致，表明晚更新世以来该处活动性变化不大。

通过对灵山断裂北段沿线的地貌标志位错测量，结合地层年代，计算得到的位移速率表明：灵山断裂北段晚更新世(约17ka)以来右旋走滑活动强于正断作用，沿线受影响扰动的地貌标志其右旋位移量均大于垂直位移量，这与灵山断裂晚更新世以来表现的右旋走滑作用为主，兼具正断作用的性质一致。

灵山断裂北段属于桂东南断块内部晚更新世以来防城-灵山断裂带北东段中活动性最强的断裂，其位移速率比川滇断块内小金河-丽江断裂带(中更新世以来的水平和垂直位移速率分别为 3.7～3.8mm/a 和 1.0～1.5mm/a，晚更新世以来的水平位移速率为 2.6～4.0mm/a，全新世以来的水平位移速率为 2.5～5.0mm/a)以及鲜水河-小江断裂带(左旋位移速率为 10～15mm/a)等都小，究其原因可能是与它们各自所处的不同地球动力学环境直接相关，川滇断块同时受印度板块俯冲及青藏高原隆升的影响，地壳变形发生挤出走滑，块

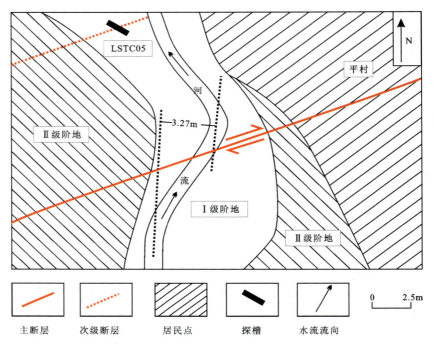

图 4.23 河流与Ⅰ级阶地水平位移平面图

内及块间断裂的位移量和速率都相当大，同时伴随着块间断裂剪切走滑、块内变形和地块转动的复杂变形过程。而桂东南断块位于南海北缘，主要活动构造为以北东东向右旋为主的张扭性断裂，其活动强度弱于川滇地块内活动断裂。

第六节 本章小结

(1) 灵山断裂北段晚更新世以来活动明显，表现为右旋走滑兼正断的运动性质，右旋位移量均大于垂直位移量，错动沿线洪积台地扇体、河流阶地等晚更新世地层[(16.51±1.58)ka]及全新世地层[(2.36±0.35)ka]。灵山断裂北段晚更新世以来的活动对沿线地貌的影响主要表现为右旋错移(断)冲沟水系及河流阶地、冲洪积扇体变形、断错洪积台地伴随形成陡坎等。

(2) 灵山断裂北段晚更新世(约17ka)以来水平位移速率为1.27～1.54mm/a，垂直位移速率为0.53～0.65mm/a；全新世仍有活动，约2360a以来水平位移速率为1.21～1.63mm/a，垂直位移速率为0.53mm/a，晚更新世以来各个时期活动性变化不大。灵山断裂北段位移速率比川滇断块内的活动断裂带位移速率小，这与它们各自所处的不同地球动力学环境直接相关。

第五章　地震地表破裂带调查研究

第一节　前人地表裂缝调查

1936年4月1日灵山地震时,在极震区产生许多地表裂缝。据陈国达(1939)、任镇寰(1996)等,极震区单条地裂缝形状不规则,长数米至二三百米不等,个别达500m。单条宽0.1~1m,个别达1.5m。无数近于平行而离合不定的小裂缝组成地裂缝带。

地裂缝多数发生在土层中,亦有发生在基岩中。发生在山坡的切至基岩的裂缝大雨后发生崩塌,大量崩落的石块掩埋其下农田,造成灾害。

陈国达、任镇寰等发现的地裂缝大致可以分为2个密集带。

(1)沙梨江地裂缝带:展布于平山—尖山一带。总体长约6000m,宽度达500~1000m,走向同沙梨江一致(75°左右)。大地震发生之际,沙梨江及其南面一条小支流河床开裂,呈"V"字形,宽10~100cm,长数十米至百余米不等。沿着河床曲折延伸,河滨冲积层也发育着许多地裂缝,走向大致与河道平行,延伸较短,一般长5~10cm,宽5~30cm,形态极不规则,有分支复合现象,有的地面像犁翻过一样。

(2)泗洲-牛甘坪地裂缝带:分布在牛甘坪、泗洲、根竹水一带,总体走向350°左右,长约10km。地裂缝主要发生在堆积物比较厚的梯田上。地裂缝规模大小不一,小者长几十米,深1~2cm,宽1~2cm,大者长几十米至百余米,宽0.5~1m,深2~3m,断断续续,单条总体方向呈北北西向。

第二节　地震地表破裂带新发现

1936年灵山6¾级地震是目前华南陆块的最大地震,震中位于区域性防城-灵山断裂带北东段灵山断裂北段上,陈国达、任镇寰等发现的地裂缝带主要以地裂缝为主,未发现较完整的同震地表破裂带,那么该地震是否产生同震地表破裂带?如有,其分布的位置位于何处?其基本参数又如何?这一系列问题,都对华南地震研究具有重要意义,如对灵山地震发震构造的探测及其震级的重新厘定,对桂东南乃至南海北缘地区现今构造应力场、深部构造及地球动力学的研究,对广西及邻区地震危险性评价,以及地震监测预报及震害防御等都具有重要的科学意义。

一、新发现地表破裂带

为核实前人发现的灵山地震地裂缝遗迹,研究灵山地震发震构造及地震复发周期,评价防城-灵山断裂带的地震危险性,在收集、整理、分析前人调查成果资料的基础上,对灵山地震震区进行了有针对性的调查,经历数月,终于在广西灵山县东高塘-夏塘-六蒙、蕉根坪-合口等地新发现了灵山地震产生的地震地表破裂带遗迹。新发现的地震地表破裂带大多展布于罗阳山西北麓山坡、山前冲洪积台地等区域,整体呈北东走向,平面上呈斜列式展布于灵山断裂北段。它较好地记录了灵山6¾级地震活动,且与陈国达(1939)和任镇寰等(1996)报道的地裂缝带的分布范围和展布位置不同。

该地震地表破裂带在区域上位于防城-灵山断裂带北东段的灵山—寨圩一带[图5.1(a)],沿罗阳山前北东向的寨圩断裂南支F_{1-2}及与其近平行的镇安-寨圩断裂F_3展布,两者相距700m左右,在高塘-夏塘-六蒙、蕉根坪-合口等地断续出露,总长约12.5km[图5.1(b)]。

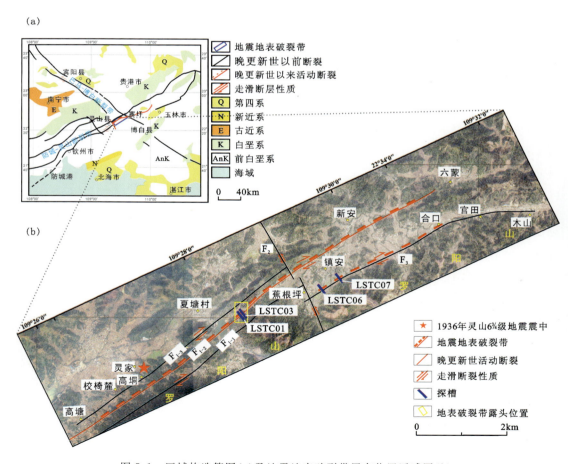

图5.1 区域构造简图(a)及地震地表破裂带展布位置遥感图(b)

沿断裂 F_{1-2}，在校椅麓南山前台地上可见高约 0.8m 的阶梯状地震陡坎[图 5.2(a)]，总体走向 55°～60°。在夏塘村东 1.1km 处山梁槽地（海拔 162m）上发育总体走向北东的 2 支破裂带[图 5.2(b)]，南支主要表现为高约 25cm 的地貌陡坎（图 5.3），北支由 2 条宽 20～30cm 的张裂缝和高 20～50cm 的阶梯状陡坎组成，向南西延伸遇山梁分支成 3 条次级破裂，绕过山梁后与南支会合成一条主破裂带，结合地表出露的地震陡坎和被右旋错移的冲沟等错断地貌标志（图 5.3），判断该破裂带具右旋走滑兼正断性质，探槽开挖表明它们是灵山地震活动的结果。沿 F_{1-1-1} 断裂东段（镇安-寨圩断裂），在蕉根坪—合口一带地表破裂带主要表现为地震断层，LSTC06 和 LSTC07 两个探槽[图 5.1(b)、图 5.2(c)、图 5.2(d)]揭露出近乎切到地表的地震断层：LSTC06 探槽揭露的断裂 F_{1-1-1} 两条次级断裂同时错断耕植土以下的所有地层；LSTC07 探槽揭露的断裂 F_{1-1-1} 错断了深灰色耕植土以下的地层，耕植土地面的垂直位移 10～15cm。综合该地表破裂带在罗阳山山前断续出露的如夏塘村东 1.1km 山梁槽地处地震裂缝、陡坎及地震断层右旋错移冲沟，校椅麓南山前台地处地震陡坎以及探槽 LSTC01、LSTC03、LSTC06、LSTC07 等揭露的同震地表破裂现象，推断该地震地表破裂带具右旋走滑兼正断的性质。

图 5.2 地震陡坎(a)、地裂缝/陡坎(b)和探槽 LSTC06/LSTC07 地震断层(c)/(d)

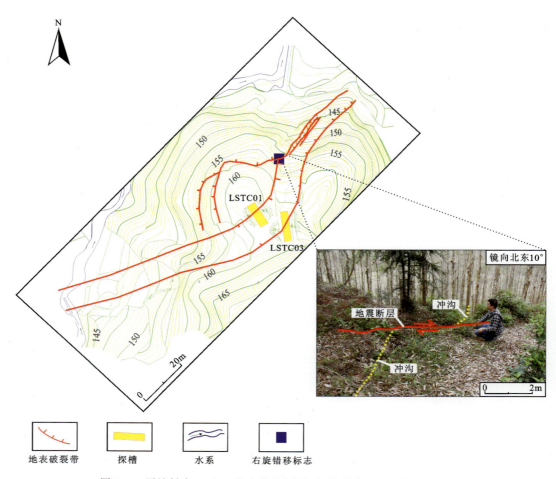

图 5.3 夏塘村东 1.1km 处地裂缝/陡坎、探槽分布图及右旋错断冲沟

探槽 LSTC01 揭露了 6 套地层(图 4.4),这些地层位于罗阳山西北麓的山前侵蚀残留台地上,海拔高度在 150～160m 之间,属于钦江上游的Ⅱ级阶地,区域上与桂林溶洞层对比可认为其形成年代为晚更新世—中晚更新世。综合 LSTC01 和 LSTC03 探槽中光释光样品的测年结果,推断地层①、②、③、④时代分别为全新世、晚更新世晚期—全新世早期、晚更新世中—晚期及中—晚更新世。探槽同时揭露了 F_{1-2-1}、F_{1-2-2}、F_{1-2-3} 3 条具正断性质的断裂:断裂 F_{1-2-1} 依次错动地层④、③、⑤、②、①及基岩⑥;垂直断距 20～40cm;断裂 F_{1-2-2} 发育在地层③和基岩⑥中;断裂 F_{1-2-3} 错动地层③、②及基岩⑥,微地貌上形成高约 20cm 的断层陡坎。探槽 LSTC03 揭露了 8 套地层(图 4.6),综合 LSTC01 和 LSTC03 探槽中光释光样品的测年结果,推断地层①、②、③、④时代分别为全新世、晚更新世晚期—全新世早期、晚更新世中—晚期及中—晚更新世。探槽揭露的 F_{1-2-4}、F_{1-2-5}、F_{1-2-6}、F_{1-2-7} 4 条断层均具正断性质:断裂 F_{1-2-4} 错动地层④、③和基岩⑥,垂直断距 10～15cm;断裂 F_{1-2-5} 错动地层④、③、②和基岩⑥,可见由混杂黏土与砾石构成的构造楔状体⑦,向上错断砾石标志层⑤,形成崩积楔⑧,并在微地

貌上形成高约 25cm 的断层陡坎；断裂 F_{1-2-6} 从基岩⑥向上错动地层④、③，对地层②有一定扰动；断裂 F_{1-2-7} 切过基岩⑥和地层④，对地层③有扰动。两个探槽揭露的断层在浅部表现为正断层，它们可能与深部右旋走滑断裂共同构成负花状构造。

二、地表破裂类型

地表破裂类型受发震构造活动性质控制，但诸如地震断层、地震陡坎、地震裂缝、地震滑坡、地震陷坑等常见破裂类型在任何活动方式的断裂上一旦发生 7.0 级以上的地震一般都会出现。1936 年灵山 6¾ 级地震虽震级不到 7.0 级，但通过野外详细地质地貌调查和槽探验证，发现该地震地表破裂类型主要有地震断层、地震陡坎、地震裂缝、地震崩积楔、地震滑坡、砂土液化等。

1. 地震断层

沿控制地震的先存断层上产生错动，其展布、产状和位移性质与活动断裂带相一致，成为活动断裂带的直接表现，一般 7 级以上地震都伴有明显的地震断层，个别 6 级以上（或震源较浅）的地震也出现地震断层。

高塘-夏塘-六蒙和蕉根坪-合口等地表破裂带上的多个探槽（表 4.1）同时揭露出 1936 年灵山 6¾ 级地震形成的地震断层。在夏塘、蕉根坪分别开挖探槽 LSTC01/LSTC03、LSTC05/LSTC06/LSTC07［图 4.1(b)］，5 个探槽同时揭露灵山地震形成的地表破裂带发育地震断层。探槽 LSTC01/LSTC03 揭露的地震断层依次错动基岩碳质泥岩、晚更新世及全新世土层，并对耕植土有扰动。探槽 LSTC06 位于蕉根坪小黄皮江的Ⅰ级阶地，其揭露的地震断层错动Ⅰ级阶地地层，甚至直通地表。探槽 LSTC07 位于山前冲洪积台地前缘，地震断层具正断性质，错动台地上耕植土下所有地层［图 5.4(a)］，并扰动耕植土层①，在耕植土下层②中上部及中下部区域采集 ^{14}C 样品 C14-1，C14-2，年龄分别为 $(110±30)a$，$(2260±30)a$。探槽 LSTC05 开挖在平村西 50m 附近河流阶地上（图 5.4b），可见断层错动砾石层③、含砾石粗砂层②，断面附近砾石长轴定向排列，层②光释光样品年龄为 $(2.36±0.35)ka$。根据以上现象，结合灵山地区历史地震活动情况，可以确定 1936 年灵山 6¾ 级地震形成的地表破裂带发育地震断层。

2. 地震陡坎

地震陡坎（earthquake scarp）是指由地震断层和地震地表破裂带两侧差异升降运动形成的、由一个倾向下降盘的自由面组成的线状陡坎或陡崖。通过详细地表破裂带调查，在高塘、校椅麓、夏塘等地发现多处地震陡坎。在夏塘村东山梁槽地两支次级地震地表破裂带上开挖的两个探槽 LSTC01 和 LSTC03 揭露的地震陡坎，高约 40cm［图 5.5(a)、(c)］，两陡坎倾向相反，中间构成下凹的槽地。探槽剖面揭露的断层延伸到陡坎下方，陡坎是由断层的走滑兼正断作用直接形成。图 5.5(a) 中断层错动棕黄色含砾石黏土层②，并继续延伸至耕植土层①，层②中上部光释光样品 OSL-1 年龄为 $(9.34±1.64)ka$，耕植土层①厚 15～20cm，断层影响到层①中部附近。从野外探槽剖面上分析，该断层具正断性质，而陡坎与其下部地

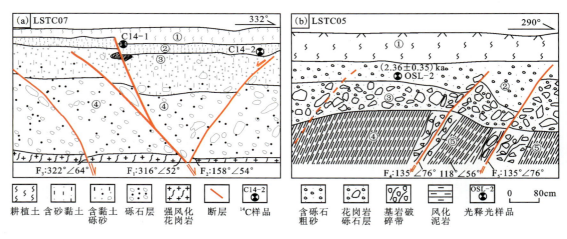

图 5.4 探槽 LSTC07、LSTC05 西壁剖面图

震断层反向,同时在该探槽上存在多条与该陡坎同倾向的正断层,因此推断该陡坎应是探槽揭露的多条倾向相反的右旋走滑兼正断性质断层共同作用的结果。图 5.5(c)中断层错断棕黄色含砾石黏土层②[中上部土层光释光样品 OSL-2 年龄为(9.66±0.72)ka],扰动耕植土①,同时断层正断作用形成陡坎,并在坎前形成崩积楔。灵山地区人类活动频繁,雨水较多,对地表形态改造强烈,古地震遗迹保存困难,基本可以确定 2 个探槽上的陡坎形成时间较短,为 1936 年灵山 6¾ 级地震同震陡坎,同时也证明该地表破裂带表现出正断性质。校椅麓南东 500m 罗阳山北麓山前台地半坡处发育的地震陡坎由一系列次级阶梯状陡坎组成,总高度约 0.8m[图 5.5(b)]。

3. 地震裂缝

地震裂缝(earthquake fissure)是指地震在地面上所造成的没有明显位移的裂隙。在夏塘东和校椅麓地震陡坎发育处均有伴生的地震裂缝,呈张性。夏塘地震裂缝带位于探槽 LSTC01/LSTC03 北东 15m 的山坡上,由多条平面上呈近平行束状排列的次级裂缝组成,剖面上呈阶梯状或地堑状,单条裂缝长 0.5~2m 不等,宽 30cm 左右,深约 20cm。校椅麓地震裂缝位于校椅麓南东 500m 罗阳山北麓山前台地半坡处,与该处地震陡坎伴生,呈右旋张裂缝性质,长约 2m,宽 15~20cm,深 25cm[图 5.5(b)]。

4. 地震崩积楔

地震崩积楔为地震陡坎下由重力堆积形成的楔状堆积体。探槽 LSTC03 揭露出灵山地震产生的地震崩积楔[图 5.5(c)],地震时断层形成了高为 40cm 的地震陡坎,同时坎前形成地震崩积楔,该地震崩积楔在剖面上呈下凸上平的特征,底部堆积粒度较大的砾石,分选、磨圆较差,往上堆积物颗粒有逐渐变细的特征。崩积楔覆盖于地震断层的上部,该断层错动耕植土下所有土层,活动时代较新。崩积楔上覆耕植土,说明其是 1936 年灵山 6¾ 级地震的同震崩积楔。

图 5.5　LSTC01 地震陡坎(a)、校椅麓南东地震陡坎及地震裂缝(b)、
地震崩积楔(c)和 LSTC03 处砂土液化(d)

5. 地震滑坡

地震滑坡是指由地震震动引起岩体或土体沿一个缓倾面剪切滑移一定距离的现象。沿地震地表破裂带可见多处地震滑坡,其中规模较大的位于夏塘东[图 5.6(a)]及校椅麓。夏塘地震滑坡位于夏塘地震地表破裂带南西端尾部山体边部,夏塘地震地表破裂带在此处终止并转换为同震滑坡形式释放地震能量。校椅麓地震滑坡为上部地震断层活动所诱发,在重力作用下形成多个次级滑坡面。此外,在高塘南罗阳山西北坡山麓,罗阳山东南坡的山秀、泗洲等地也发现了地震诱发的地震滑坡。

6. 砂土液化

砂土液化是指饱水的疏松粉、细砂土在振动作用下突然破坏而呈现液态的现象,由孔隙水压力上升、有效应力减小所导致的砂土从固态到液态的变化现象。砂土液化的机制是饱和的疏松粉、细砂土体在振动作用下有颗粒移动和变密的趋势,对应力的承受从砂土骨架转向水,由于粉和细砂土的渗透力不良,孔隙水压力会急剧增大,当孔隙水压力增大到总应力值时,有效应力就降到 0,颗粒悬浮在水中,砂土体即发生液化。在高塘北 700m 开挖的探槽

LSTC02 揭露了丰富的砂土液化现象，探槽 LSTC02 的 7～9m 处[图 5.5(d)]可见层②灰色砂土层受扰动现象，具体表现为在探槽南西壁层②被砂土液化后的层③褐黄色砂土呈火焰状侵入，同时砂土液化后的层③褐黄色砂土也呈楔状侵入层④灰黑—灰黄色泥岩中。

三、地震地表破裂带的展布

灵山地震地表破裂带位于防城-灵山断裂带北东段灵山断裂的北段（佛子—寨圩段），由平面上呈斜列式的东西两支近平行地震地表破裂带组成，两支地表破裂带相距 700m 左右，总长约 12.5km。西支在高塘—夏塘—六蒙一带断续出露，沿罗阳山北麓发育的灵山断裂北段次级断裂 F_1 展布，走向 55°～60°，途经校椅麓、灵家、夏塘水库、鸭子塘、军营垌，止于六蒙，全长约 9.4km。西支地表破裂带发育一系列地震陡坎，在校椅麓南山脊和夏塘水库等地还保留有较为清晰的地震陡坎、地震裂缝、地震滑坡、冲沟水系右旋错移等地貌现象。在夏塘东山梁上开挖的两个与地表破裂带近垂直的探槽 LSTC01、LSTC03，揭露了该处发育的地震断层及地貌陡坎。东支出现在蕉根坪—合口一带，沿与断裂 F_1 近平行的灵山断裂北段另一次级断裂 F_{1-1-1} 东段（镇安—寨圩断裂）展布，途经镇安、白花等地，止于合口，走向 58°，全长约 3.1km。沿东支地表破裂带主要发育地震陡坎，在蕉根坪小黄皮江附近出现地震断层错动Ⅰ级阶地以及右旋错移冲沟水系等现象，在此处开挖的 2 个探槽 LSTC06、LSTC07 所揭露的信息也验证了此处的地震断层错动阶地的情况。

四、地表破裂带的位移分布

1936 年灵山 6¾ 级地震发生于防城-灵山断裂带北东段灵山断裂的北段，该断裂自晚更新世以来有过错动地表的活动（何军等，2008），运动性质为右旋走滑兼正断。因此，伴随 1936 年灵山 6¾ 级地震形成的地震地表破裂带应同时存在垂直位移和右旋走滑量。为研究灵山地震地表破裂带的垂直和右旋水平位错，沿两支主要地震地表破裂带进行垂直和水平微地貌测量。其中，垂直位错主要选取地表破裂带沿线的地震陡坎进行测量[图 5.6(a)、(b)]；水平位错主要测量由于地震断层作用被右旋错移的冲沟水系、台地等典型地貌标志，冲沟水系右旋位错测量以其流向中轴线为基准[图 5.7(a)]。

位移测量结果表明，两支地震地表破裂带右旋走滑量基本都大于垂直运动分量，说明地表破裂带表现为走滑兼正断性质。高塘-夏塘-六蒙地表破裂带右旋水平位移为 0.54～2.9m，垂直运动分量为 0.23～1.02m（表 5.1）。其中，夏塘水库—镇安一带右旋走滑和垂直位移量较大（图 5.8），其南西西段和北东东段地表破裂带主要发育于山前冲洪积台地以及基岩上，土层覆盖较浅，基岩主要为泥页岩、硅质岩等，使得水平和垂直位移量向两侧逐渐减小（图 5.8）。综合考虑地震地表破裂带露头及人工、气候等因素，夏塘水库附近处高塘-夏塘-六蒙地表破裂带垂直位移最大，为 1.02m，其北东 100m 附近水系被右旋错移，走滑量达到最大，为 2.9m[图 5.7(a)]。夏塘水库东山梁上地震地表破裂带保存较为完整[图 5.6(a)]，此地震地表破裂带由南、北两支次级破裂组成，南支与北支次级破裂带通过山梁时，地貌上

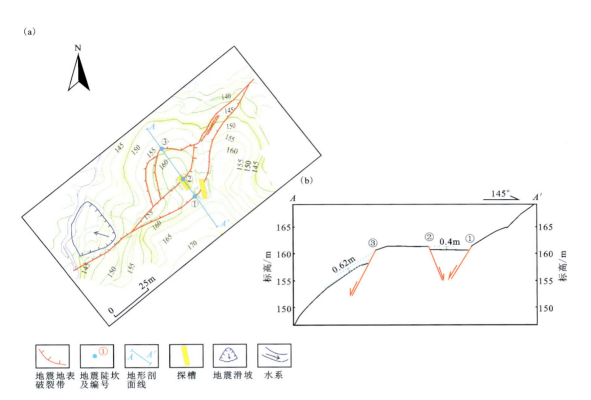

图 5.6　夏塘水库东山梁地震地表破裂带、探槽展布(a)及地震陡坎剖面图(b)

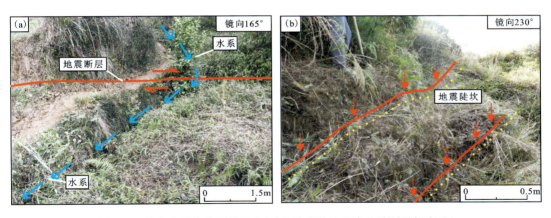

图 5.7　最大水平位移测量标志(a)和地震陡坎垂直位移测量标志(b)

构成反向陡坎,形成一小型低洼槽地[图 5.6(b)],北支次级破裂带在切割地形的剖面 A-A' 上陡坎②高度为 0.4m。南支陡坎①高度略小,但也接近 0.4m。考虑陡坎①恰好位于槽地与南部山坡转折带,此处采用陡坎②的高度,北支绕山梁的分支次级破裂带形成的陡坎③高度为 0.62m。因此,此处总地震陡坎的高度应为各条次级破裂带中地震陡坎高度的总和,即 1.02m。

表 5.1 灵山 6¾ 级地震高塘-夏塘-六蒙地表破裂带水平和垂直位错一览表

序号	经度（E）	纬度（N）	地貌标志	走滑位移/cm	垂直位移/cm
1	109°26′57.21″	22°30′47.54″	陡坎/水系	110	53
2	109°27′19.82″	22°30′56.44″	陡坎/冲沟	170	45
3	109°27′26.03″	22°31′02.81″	陡坎/山脊线	210	76
4	109°27′31.46″	22°31′03.89″	陡坎/冲沟	197	58
5	109°28′13.98″	22°31′37.06″	陡坎/台地	240	83
6	109°28′03.22″	22°31′27.40″	陡坎/冲沟	240	76
7	109°28′36.75″	22°31′54.61″	水系	257	
8	109°28′41.37″	22°31′56.08″	陡坎		95
9	109°28′47.60″	22°32′03.60″	陡坎		102
10	109°28′48.62″	22°32′03.77″	冲沟	273	
11	109°28′55.84″	22°32′09.12″	水系	290	
12	109°28′56.89″	22°32′09.26″	陡坎		95
13	109°29′28.50″	22°32′36.09″	水系	261	
14	109°29′29.40″	22°32′36.17″	陡坎		100
15	109°29′04.16″	22°32′17.95″	陡坎		95
16	109°29′41.63″	22°32′42.02″	陡坎		93
17	109°29′42.48″	22°32′43.20″	冲沟	252	
18	109°29′05.32″	22°32′19.28″	水系	235	
19	109°29′51.31″	22°32′47.19″	陡坎/冲沟	202	72
20	109°30′13.82″	22°33′03.05″	陡坎/冲沟	210	83
21	109°30′30.41″	22°33′16.15″	陡坎/冲沟	180	67
22	109°30′36.21″	22°33′19.05″	陡坎/冲沟	135	57
23	109°30′48.96″	22°33′22.88″	陡坎/冲沟	112	42
24	109°30′56.57″	22°33′25.64″	陡坎/冲沟	75	38
25	109°31′06.03″	22°33′27.08″	陡坎/冲沟	54	23

蕉根坪-合口地表破裂带右旋走滑量为 0.36～1.3m，垂直运动位移量为 0.15～0.57m（表 5.2），最大水平和垂直位移量分别位于蕉根坪附近（22°32′24.15″N，109°29′54.53″E）和（22°32′25.77″N，109°29′57.64″E）。蕉根坪以东，土层覆盖浅，基岩为花岗岩，水平和垂直位移逐渐减小（图 5.8）。

表 5.2　灵山 6¾ 级地震蕉根坪-合口地表破裂带水平和垂直位错一览表

序号	经度（E）	纬度（N）	地貌标志	走滑位移/cm	垂直位移/cm
1	109°29′54.53″	22°32′24.15″	水系	130	
2	109°29′57.64″	22°32′25.77″	陡坎		67
3	109°30′10.08″	22°32′32.91″	台地	125	
4	109°30′24.72″	22°32′38.88″	陡坎/冲沟	110	57
5	109°30′42.79″	22°32′47.84″	陡坎		45
6	109°30′45.04″	22°32′48.37″	水系	93	
7	109°30′52.01″	22°32′49.39″	陡坎/冲沟	85	30
8	109°30′09.75″	22°32′32.36″	陡坎		50
9	109°31′10.71″	22°33′07.09″	陡坎/冲沟	60	27
10	109°31′20.29″	22°33′10.03″	陡坎/冲沟	36	15

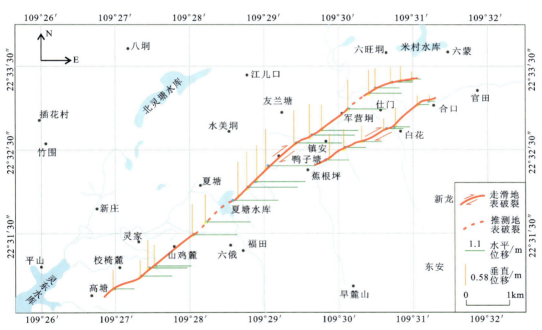

图 5.8　高塘-夏塘-六蒙、蕉根坪-合口地表破裂带同震右旋水平和垂直位错

综合分析地表破裂带位移特征，笔者认为灵山地震地表破裂带运动性质为右旋走滑兼正断，本次地震为一次具正断分量的右旋走滑破裂事件，发震构造具有右旋走滑兼正断性质。在夏塘水库东探槽 LSTC01、LSTC03 位置附近（图 4.4、图 4.6）右旋水平位移量和垂直位移量达到最大，分别为 2.9m、1.02m，从此处向北东东，位移量逐渐减小，并在蕉根坪、镇安等地形成平面上呈斜列展布的两条近平行的地表破裂带（图 5.8），这一现象符合走滑断裂

带中地表破裂带的发育特征；向南西方向延伸到高塘村附近，水平和垂直位移量逐渐减小至110cm和53cm，高塘以西，地势平坦，基本都为农田，人类活动频繁，难以通过地貌特征识别出地表破裂带是否继续延伸。地表破裂带经过蕉根坪附近之后水平和垂直位移变化较快，这可能与蕉根坪附近发育的北西向蕉根坪-友僚断裂对地震波能量及应力传播的阻截有关。

五、讨论与分析

通过实地测量获得灵山地震地表破裂长度约12.5km，最大右旋水平位移约2.9m，垂直位移约1.02m。综合考虑地表破裂长度L和最大同震水平位移D，依据叶文华等（1996）的经验公式计算的破裂长度（12.5km）与最大左旋位错（2.9m）之积为$36.25×10^{-3}$ km^2，与理论值相近，符合经验关系式，说明野外得到的地表破裂参数是可信的。为进一步研究灵山6¾级地震地表破裂带，将灵山地震地表破裂带参数与1936年甘肃康乐6¾级地震地表破裂进行对比，结果表明：同为6¾级的甘肃康乐地震（地表破裂带长14km，最大水平位移和垂直位移分布为2.5m、0.6m）发现的地表破裂带长度大于灵山地震；最大水平位移和垂直位移小于灵山地震。两地震震级均为6¾级，释放的地震能量相当，从震源深度上分析，郭培兰、李保昆等（2017）最新研究表明，1936年灵山6¾地震震源深度为9～10km，比甘肃康乐地震的12km略浅，若仅考虑震源深度，灵山地震形成的地表破裂带长度应大于康乐地震，但实际却比康乐地震小，最大水平位移和垂直位移也存在差异。根据中强地震地表受震级强度、震源深度、发震断层特征、场地效应、构造环境和断裂摩擦强度或弱化程度等因素控制，推断两次地震地表破裂带参数存在差异的原因有如下几点：

（1）陈国达等（1989）认为灵山主震震级为6¾级，李保昆等（2017）根据全球台站的仪器记录，利用现代的参数测定方法和技术对灵山主震进行重新测定，获得灵山主震震级为M_S 7.0，震源深度为9～10km。而灵山地震发生时，国内地震台网缺乏，仅有少数几个地震台站，进行主震重新测定的数据大多来自国外地震台站。在灵山6¾地震发生前5min，印度尼西亚卡拉克隆岛发生M_W 7.7，它的地震波记录强烈影响或覆盖灵山6¾地震的记录，这使灵山主震难于分析，同时灵山主震可用数据稀缺、匮乏，重新测定的主震震源参数精度较低，即获得的震级大小、震源深度与实际情况之间存在一定误差。因此，灵山地震实际震源参数与甘肃康乐地震参数差异导致它们形成的地表破裂带长度和水平、垂直位移量有所不同。

（2）地表地形起伏对地震破裂能量在近地表的衰减影响较大，灵山地震高塘-夏塘-六蒙地表破裂带高塘-夏塘段位于山前洪积台地，高塘以西为山前台地前缘，地势平坦，土层覆盖较浅，人类改造严重，即使有地表破裂发育，也难以识别。夏塘-六蒙段位于低洼沟谷部位，土层覆盖浅，在六蒙附近地形由平原、低洼沟谷地貌变为山地丘陵，局部基岩出露，地震能量在此衰减速度快，地表破裂带向东延伸长度及地震陡坎高度迅速减小。蕉根坪-合口地表破裂带位于山前冲洪积扇体前缘，蕉根坪地处地形陡变过渡带，以西地貌为山地丘陵，地势险峻，以东为低矮山前台地、河流阶地，土层覆盖浅，蕉根坪西由于受地形的影响未发现地表破裂带，合口地处低洼沟谷处，东部可能存在地表破裂，但是由于受河流、人类活动等因素的影响，未识别出地表破裂带。

(3)灵山断裂北段发育在泥盆纪、石炭纪泥页岩地层中,由于多期次的压扭性构造作用,平面上呈断片形式排列,野外较多岩石露头发育劈理、糜棱岩化等现象,地层破碎风化较严重,岩石较松散,而松软介质不利于地震波的传播,地震波能量衰减较快。另外地表破裂带的垂直位移和水平位移较大,消耗较多地震波能量,使地表破裂带的长度减小。

(4)灵山地震地表破裂的最大水平位移和垂直位移分别为2.9m、1.02m,比1936年甘肃康乐地震的2.5m、0.6m略长,野外测量水平标志为地表破裂带经过的具右旋位移的水系、台地等,垂直位移标志为地震陡坎。灵山断裂北段第四纪以来活动性较强,曾经或许发生过多次古地震,虽然尽可能地选取与1936年灵山地震关系最大的地貌标志,但也不排除获得的位错是由多次地震事件叠加造成的可能。而且灵山地区降雨丰富,人类活动频繁,地表破裂带后期被改造的可能性非常大。因此,诸多原因造成最大水平位移和垂直位移可能偏大。

第三节 本章小结

(1)新发现的1936年灵山6¾级地震地表破裂带在华南尚属首次,对其深入细致的研究,填补了华南地震地表破裂带研究的空白。

(2)1936年灵山6¾级地震地表破裂带沿罗阳山北麓山前灵山断裂北段发育,分东、西两支,走向55°~60°,平面上呈斜列式展布,东支在高塘—夏塘—六蒙一带断续出露,西支出露在蕉根坪—合口一带,全长约12.5km。该地震地表破裂类型主要有地震断层、地震陡坎、地震裂缝、地震崩积楔、地震滑坡、砂土液化等。根据野外水平和垂直位移实测,本次地震的最大右旋水平位移量约2.9m,垂直位移量约1.02m,均位于夏塘水库东山梁探槽LSTC01/LSTC03附近,两侧地表破裂带由于土层覆盖较浅,基岩出露较多,且大部分发育于山前冲洪积台地上,其右旋水平和垂直位移量逐渐减小。

(3)与中国西部类似典型震例地表破裂参数对比,灵山地震地表破裂带长度相对较小,最大水平位移和垂直位移量略大,其原因可能与灵山主震震源参数、地表破裂带所处的场地条件及构造环境、位移测量标志、人类活动及气候因素等有关。

第六章　古地震事件研究

古地震是指存在于地质记录中并且历史上没有明确记载的地震。古地震方面的相关研究延长和补充了短暂的仪器记录、时间较短的历史地震记录，对在较长时间内研究地震的重复规律，建立地震的重复模型，评价地震未来的危险性，对重复周期较长的大陆内部地区来说有更重要的意义；同时，古地震研究也是研究活动断裂的重要组成部分，是断裂活动特征的参数之一，对于活动断裂分段、活动强度对比、动力学研究具有重要意义。断层活动主要有黏滑和蠕滑两种方式，突发性快速错动主要发生于黏滑断层。

本章主要以1936年灵山6¾级地震震区为例首次对华南大陆古地震事件进行了初步研究，利用地表破裂带上开挖的探槽，分析了地震断层及第四纪地层错断情况，讨论了灵山断裂北段的古地震事件期次、时代及地震重复间隔，并与华北、西北等地大地震进行了对比，初步判断了灵山断裂北段古地震事件强度。灵山震区古地震研究不仅填补了华南古地震研究的空白，而且将会为广西甚至整个华南大陆强震重复间隔、强度等的估计以及地震灾害防治提供实际参考资料。

第一节　古地震识别标志

古地震研究地点的选择是其研究能否成功的关键因素之一。是否为一个好的研究地点取决于两个关键点：事件记录的多期次和采集到足够的测年样品。冉勇康等（2010，2012，2014a，2014b，2015）总结了走滑断层、逆断层、正断层等的识别标志及研究方法，归纳如下。

一、走滑断裂的探槽地点、布设与事件识别标志

（1）走滑断裂的变形一般都会伴生一些特定的地质地貌体，如盆地、洼地、断落塘、槽谷、断塞塘、被同步位错的冲沟、连续坎前堆积的地层和连续变形的多级地貌面等，这些地点都可以用来进行走滑断裂的古地震研究。

（2）对于走滑位移来说，要把探槽地点尽量选择在有倾滑分量或是有水平位移线性标志物的地方，选择组合探槽或三维探槽。

（3）错断的地层上部覆盖的更新地层、跨断层的一些微地貌位错、裂缝充填堆积、局部的坎前堆积、不同期次的古断塞塘等都属于走滑断裂的古地震识别标志。

二、逆断层的古地震识别

(1)对于逆断层来说,可以用崩积楔、断层与地层切错覆盖关系来分析古地震。
(2)断层陡坎高度在一定程度上与古地震期次有关。
(3)识别古地震时,应考虑多种因素,因地制宜并可以用多个证据相互印证。

三、正断层破裂特征、环境影响与古地震识别

在我国开展正断层古地震研究时,需注意以下几点:
(1)选择有第四纪沉积、构造变形简单的地点进行探槽开挖。
(2)探槽内地层和事件的记录、分析应该细致并且有针对性,要注意坎前堆积特征。
(3)可以采用"位移量限定法"和"多探槽校验法"对事件进行检验。

四、断层隐形、尖灭与年轻事件识别

断层在一些堆积中会出现不同程度的隐形现象,尤其在土壤、砂层、黄土、黏土质砂、粉砂层中比较普遍。我们可以选择多韵律地层进行探槽开挖,避免断层隐形影响事件识别,组合探槽或三维探槽也会减小断层局部隐形的影响,磁化率分析、显微构造和粒度等是识别隐形断层比较重要的发展方向之一,上、下层位的粒度、色度、推延和土壤发育程度等方面的综合分析是识别隐形断层最基本的手段。

第二节 古地震研究方法

目前国内外常采用探槽、无人机、年代学等方法相结合进行古地震研究。其中,探槽可以较为清楚地揭露古地震事件的遗迹;无人机技术主要用于活动断裂研究中,重点是识别并测量线性地貌的位错量;年代学技术包括采样和确定事件发生年代、古地震测年技术。利用天然断层剖面和人工探槽剖面是目前研究古地震期次的主要方法。正断层和走滑断层的古地震识别标志是崩积楔、构造楔和充填楔。吴卫民等(1996)、冉勇康等(2003)都曾经利用探槽开展过研究工作。断层控制形成的微地貌、断层陡坎形态和小冲沟错断距离等都记录了断层的走滑或者垂直运动,对其详细测量和定年可以识别出古地震事件。如果能够识别出晚更新世晚期或者全新世以来某段断层上完整的古地震事件,并能确定这些事件发生的时间,就能够估算出大震的平均复发间隔,根据最后一次事件的离逝时间,可进一步对断层的地震危险性作出粗略的评价。

目前用于古地震学的测年方法超过20种,其中^{14}C测年是理论、技术最成熟,跨度也基本满足古地震研究需要的技术。除此之外,中国除了广泛分布着第四纪黄土和类黄土,还有

一些河湖相和冲积相等的细粒沉积物,在这些堆积物中,非常适合采集释光样品。所以,释光方法也经常使用。近年来,在裸露地层中,宇宙核素测年方法应用越来越广泛,尤其在粗粒物质堆积区发挥了一定的作用。要尽可能真实地得到古地震事件的年代,除了选择恰当的测年方法外,采样并且能根据所得出的样品年龄确定古地震事件年代也是其中很重要的一环。一般首先采集 ^{14}C 测年样品,其次是释光样品等,采集样品一般选择干扰因素较少、能体现构造属性、序列的样品;普遍采用区间值或者有多个样品年龄值时,应该采用更加年轻的样品数据;而包括 Z 统计法、逐次限定法、事件窗法、年龄分布曲线重叠法、年龄分布曲线权重重叠法在内的时间和空间的对比法是古地震年代估计的重要方法。本书中主要采用探槽和年代学测试的方法对灵山震区古地震进行研究。

第三节　灵山震区古地震探槽及样品

据历史地震资料记载,灵山断裂北段历史上发生过一次6级以上地震,即1936年4月1日 6¾ 级地震,前文叙述发现沿灵山断裂北段高塘-夏塘-六蒙、蕉根坪-合口等地断续出露的 2 条地表破裂带,总长约 12.5km,由地震断层、地震陡坎、地震裂缝、地震崩积楔、地震滑坡、砂土液化等组成。为进一步研究灵山断裂北段古地震,选择揭露现象较好且位于地表破裂带上的探槽 LSTC01、LSTC03 和 LSTC07 进行分析,按照光释光实验和 ^{14}C 实验采样标准,在断层直接错动或扰动的土层或砂土层中采集光释光 OSL 样品及 ^{14}C 样品,分别在中国地质大学(武汉)地球科学学院光释光实验室和美国 BETA 实验室(Beta Analytic Radiocarbon Dating Laboratory)进行光释光和 ^{14}C 测年实验(表 6.1)。综合测年结果及断层错断第四纪地层情况,确定了灵山断裂北段晚更新世到全新世的多次古地震事件。

表 6.1　年龄样品测试方法、实验地点及年龄结果

样品编号	样品成分、成因	测年方法	实验地点	年龄
OSL-1	含砾石褐黄色黏土,残坡积	光释光测年法(OSL)	中国地质大学(武汉)地球科学学院光释光实验室	(17.4±1.9)ka
OSL-2	含砾石褐黄色黏土,残坡积	光释光测年法(OSL)		(9.34±1.64)ka
OSL-3	土黄色黏土,残坡积	光释光测年法(OSL)		(36.3±6.3)ka
OSL-4	褐黄色黏土,残坡积	光释光测年法(OSL)		(16.51±1.58)ka
OSL-5	褐黄色黏土,残坡积	光释光测年法(OSL)		(9.66±0.72)ka
OSL-6	含砾石黏土,残坡积	光释光测年法(OSL)		(24.91±2.34)ka
C14-1	木头或木炭	^{14}C 年代测定法	美国 BETA 实验室	(110±30)a
C14-2	木头或木炭	^{14}C 年代测定法		(2260±30)a

1. 探槽 LSTC01 和 LSTC03

夏塘探槽 LSTC01、LSTC03 位于夏塘水库 76°方向 628m 山梁上,探槽 LSTC01 走向

330°，长 10m，深 2~2.8m，宽 1.5m，揭露出 6 个地层单元［图 4.4(a)、(b)，探槽 LSTC01 西壁］，由下到上依次为层⑥、层④、层③、层⑤、层②、层①。探槽 LSTC03 走向 341°，长 14.5m，深 1.7~4.5m，宽 1.5m，揭露出 8 个地层单元［图 4.6(a)、(b)，探槽 LSTC03 东壁］，由下到上依次为层⑥、层④、层③、层⑦、层⑤、层②、层⑧、层①。两探槽相距仅 5m 左右，高程基本一致，揭露的地层单元除层⑦、层⑧外，其余基本一致。两个探槽揭露地层的具体描述见本书第四章相关内容。

2. 探槽 LSTC07

探槽 LSTC07（表 4.1，图 4.1）位于平村西 150m 处山前洪积台地前缘，走向 332°，长 10m，上宽 1.5m，下宽约 2m，深 2~2.4m。该探槽揭露出 5 个地层单元［图 4.12(a)、(b)，探槽 LSTC07 西壁］，由老到新依次为层⑤、层④、层③、层②、层①。该探槽揭露地层的具体描述见本书第四章相关内容。

第四节　地震事件分析

探槽 LSTC01 和 LSTC03 相距不到 5m，揭露的地层基本一致，且都揭露出至少 4 次地震事件，其中 3 次为古地震事件，另外 1 次为历史地震事件（1936 年灵山 6¾ 级地震），4 次地震事件都有对应的断层错动或地层扰动标志。

探槽 LSTC01 剖面［(图 4.4(a)、(b)］上发育在基岩层⑥的断层较多，扰动上覆土层的有 F_{1-2-1}、F_{1-2-2}、F_{1-2-3} 3 条断层。紧邻断层 F_{1-2-2} 位置，充填有层③黄色黏土，剖面上呈倒三角形，推测为地震充填楔，同时断层在基岩形成的裂缝中充填有层③黄色黏土，应是一次地震事件形成，断层对层③上覆地层未有扰动，该地震应发生在层③堆积之后、层②堆积之前。在探槽 LSTC03 中也有与之对应的地震事件，图 4.6 中层⑦地震充填楔含有层③黄色黏土和层④褐红色土层的土块和砾石，剖面上呈倒三角形，紧邻断层 F_{1-2-5}，应是一次地震事件形成，充填楔被层②覆盖，表明该次地震应发生在层②堆积之前、层③堆积之后。结合探槽 LSTC01 和 LSTC03 的地层对应关系，推断两探槽所揭露的断层扰动层③的现象为同一地震事件形成，时间为层②堆积之前、层③堆积之后。根据两探槽层②底部和层③底部地层光释光样品年龄数据，层②底部地层样品年龄约 17.0ka，层③底部地层样品年龄为（36.3±6.3）ka，层⑦中部样品年龄为（24.91±2.34）ka，该年龄介于层③底部与层②底部地层样品年龄数据，与实际吻合，暂将层⑦地层样品年龄定为该次地震发生时间，距今约 25ka，记为地震事件 A。

探槽 LSTC01 中可见断层 F_{1-2-1} 直接位错事件，从下往上依次错动层③、层⑤，扰动层②中下部，被层②上部土层覆盖，错断标志层⑤垂直位移量 50~60cm，记为地震事件 B。层②底部光释光样品年龄为（17.4±1.9）ka，说明地震事件 B 发生时间晚于 17.4ka。同时在探槽 LSTC03 中也可见断层 F_{1-2-6} 直接位错事件，该断层错动层④、层③，切入层②，被层②上部土层覆盖。根据两探槽地层对应关系，造成此错动地层的地震事件与探槽 LSTC01 地震事件 B 基本吻合，综合考虑 LSTC01 和 LSTC03 层②顶部和底部光释光样品年龄，暂定地震事件

B 的年龄介于层②底部年龄和顶部年龄之间，为距今约 13.09ka。在探槽 LSTC07 中可见两次断层直接位错事件，其中断层 F_1、F_2 和 F_3 错动层④和层③，被层②覆盖，推断为一次地震事件形成，其发生在层②堆积之前、层③堆积之后，层②中部 ^{14}C 样品年龄为（2260±30）a。结合地层单元顺序以及断层错动地层及被覆盖情况，认为该次地震发生时间早于层②中部地层年龄，探槽 LSTC07 位于年轻冲洪积扇体前缘，附近紧邻小河道Ⅰ级、Ⅱ级阶地，层③黄褐色含少量砾石砂土层，属于最年轻洪积扇体中上部地层，时代较新。由此推断该次地震事件与地震事件 B 的时间相当，为同一地震事件。

探槽 LSTC01 和 LSTC03 中都可见断层扰动了耕植土底部的现象，探槽 LSTC01 中 F_{1-2-3} 错动层②，扰动层①底部，被层①上部耕植土覆盖。探槽 LSTC03 中 F_{1-2-5} 在原有地震事件 A 的基础上，向上延伸错动层②，到达并扰动层①底部，被层①上部耕植土覆盖。探槽 LSTC03 中可见层②上发育有崩积楔⑧，由层②、层①的土块和少量砾石组成，崩积楔底部砾石较多，为最新的一次地震事件形成，结合当地历史中强地震事件及地表破裂带情况，确定此次地震事件应为 1936 年灵山 6¾ 级地震，记为地震事件 C。探槽 LSTC07 中断层 F_1 北支次级断裂，错动层④、层③和层②，扰动层①下部地层，使得层①在 F_1 上盘下滑约 15cm，层②上形成陡坎，为一次地震事件形成，层①为黑色现代耕植土，时代较新，层②顶部 ^{14}C 样品年龄为（110±30）a，从而可以确定本次地震时间为灵山 1936 年灵山 6¾ 级地震，与探槽 LSTC01、LSTC03 揭露的地震事件 C 吻合。

探槽 LSTC01 和 LSTC03 都揭露在层③之下发育一个较为特殊的地层单元层④，为褐红色含土层，含基岩碎块和黏土，其时代早于层③底部地层年龄（36.3±6.3）ka。在探槽 LSTC01 中层④发育在断层 F_{1-2-1} 上盘，两旁与层⑥基岩呈清晰的断层接触，推断层④可能形成于层③堆积之前的一次古地震事件中。在探槽 LSTC03 中断层 F_{1-2-4} 扰动层④，被层④上部地层覆盖，并在基岩裂隙中充填层④，形成类似充填楔，应是由一次地震事件造成的。结合两探槽揭露的现象，推断在层④上部地层堆积之前或层③堆积之前可能存在一次古地震事件，其发生时间早于 36.3ka，记为地震事件 D。

第五节 古地震强度和重复间隔

目前，古地震强度主要是通过古地震地表破裂带的长度和位移量与历史及现今地震震级相关的破裂和位移经验对比来定性判断。本次工作对 1936 年灵山 6¾ 级地震地表破裂带位移进行了详细研究，在探槽 LSTC01 附近垂直位移量达到最大，约为 1.02m，该最大位移量为多条次级地表破裂的垂直位移之和，其中一条穿过探槽 LSTC01 的次级地表破裂最大垂直位移为地震陡坎的高度 40cm，另一条在离 LSTC01 约 10m 的山坡上，因此笔者认为探槽 LSTC01 附近古地震垂直位移仅与 LSTC01 上发育的地震陡坎位移量进行比较，而不考虑其余次级地表破裂的垂直位移，以此来研究古地震强度比较合理。

如上文所述，探槽揭露了 4 次地震事件，其中 3 次古地震事件 A、B、D，1 次历史地震事件 C（1936 年灵山 6¾ 级地震）。地震事件 A 在探槽 LSTC01 和 LSTC03 剖面上形成倒三角状充填楔,楔内充填土层及基岩碎块,高 1~1.2m,最宽处达 80cm。但是从探槽没有获取到地震事件 A 更多的垂直位移信息,仅从两个探槽揭露的充填楔标志来对比,认为地震事件 A 的震级大于灵山地震。地震事件 B 在探槽 LSTC01 揭露的断层错动标志层⑤的垂直位移量为 50~60cm,推断地震事件 B 震级应大于灵山地震。探槽 LSTC01 揭露的地震事件 D 形成的类似充填楔高约 1.1m,宽 30~40cm,推断其震级也比灵山地震大。然而,由于目前可获取的位移量资料较少,且地震断层性质为走滑兼正断,探槽上揭露的垂直位移不一定准确,所以仅能做简单的定性推断。综上所述,笔者认为 3 次古地震事件强度都大于 1936 年灵山 6¾ 级地震,4 次地震事件强度有逐渐减弱的趋势,由于技术手段、资料有限,不排除未来地震强度趋势发生变化。

目前利用得到的 4 次地震事件的相关信息,勉强可以建立起古地震重复模型,由于探槽部分地层年龄数据的缺少及一些自然因素,建立起来的古地震重复模型可能不完整,还有一些不确定性,虽有很多不完善之处,但仍具有参考意义。探槽所揭露的 4 次地震事件 A、B、C 和 D 分别发生在距今约 25 000a、13 090a、80a、>36 300a,其间隔时间为 >11 300a、11 910a、13 010a(表 6.2),平均间隔为 12 073a,从间隔时间上基本符合准周期复发模式。本书所得到的地震事件重复间隔比中国西部、华北等地区的一些古地震研究所得到的复发间隔明显偏大,究其原因主要是相比于华北、西北等构造活动强烈区域,华南处于中强地震构造区,其构造活动强度较弱,发生较大地震所需的能量积累时间较长,这可能是造成复发周期较长的一个重要原因。

表 6.2 灵山断裂北段古地震及重复间隔

地震事件	地震时间/a	位错性质	最大断距/cm	估计震级	地震间隔/a
C	80	正断	40	6¾	13 010
B	≈13 090	正断	50~60	>6¾	11 910
A	≈25 000	正断	?	>6¾	>11 300
D	>36 300	正断	?	>6¾	—

注:本书所有光释光年龄测试在中国地质大学(武汉)光释光实验室进行,^{14}C 年龄测试在美国 BETA 实验室(Beta Analytic Radiocarbon Dating Laboratory)进行。

本书古地震研究仍存在不足之处,主要表现在:①目前仅有的几个断层和探槽的结果可能不能完整揭露整个断裂带上所有的古地震事件;②由于年代久远,广西灵山属于雨量丰富、人类活动频繁区,很多古地震破裂受侵蚀作用而荡然无存,只有少数遗迹才能够在特定的微地貌环境下保留下来。微地貌环境变化快,少数几个探槽不一定能揭露所有的古地震事件,这会影响古地震事件的完整性,影响地震事件重复间隔时间。

第六节　本章小结

(1)1936年广西灵山6¾级地震所处的灵山断裂北段从距今40 000a以来至少发生过4次较强地震事件,其中3次为古地震事件,1次为历史地震事件(即1936年6¾级地震),各地震事件标志较为清晰,分别发生在距今约≥36 300a、25 000a、13 090a、80a。古地震事件的详细研究填补了华南大陆古地震研究的空白。

(2)本书所获得的4次地震事件复发平均间隔为12 073a,与中国西部、华北等地区的一些古地震研究所得到的复发间隔比较,明显偏大,其原因可能主要与震中区构造活动强度相对较弱有关。

(3)通过已有探槽所揭露的垂直位移量、地裂缝规模等信息,初步推断由探槽揭露的4次地震事件强度有逐渐减弱的趋势。由于目前所能获取的资料有限,不排除未来地震强度发生一系列不可期变化的可能性。

第七章　发震构造判定

第一节　震中位置

一般认为地震震中分为宏观震中和微观震中两种,宏观震中一般指极震区的几何中心(鄢家全等,2010),当震级增大时宏观震中与微观震中的差距可能愈加明显。特别是近年来发生的一系列大震如汶川地震改变了传统的宏观震中是一个点的认识,例如认为汶川地震的宏观震中是一条狭长的中间断开的线或窄带(李志强等,2008)。

一、宏观震中

根据陈国达(1939)的调查,灵山地震烈度最高、面积最小、同震地表破裂现象最明显的范围集中在罗阳山西北坡及山麓的高塘、鸦山岭、六俄、夏塘、山鸡麓一带,并据此推断宏观震中呈一狭窄带状位于罗阳山西北麓高塘—夏塘一线。陈恩民和黄咏茵(1984)、李伟琦(1992)通过调查震区特别是极震区房屋破坏情况,修正了极震区等震线线状,陈恩民和黄咏茵(1984)认为本次地震的震中位于校椅麓附近。任震寰等(1996)通过调查震区特别是极震区房屋破坏情况及地表破坏现象,认为存在平山-蕉根坪、龙湾-高架岭 2 个长轴走向分别为北东东和北北西的极震区,而宏观震中位于北北西向极震区长轴延长线与北东东向极震区长轴交点的高塘附近。前人研究显示,地震地表破裂带与极震区分布范围具有很强的一致性(徐锡伟等,2008;李志强等,2008;马寅生等,2010),同时根据位错理论,断层每一段所释放的能量与该段错距的平方成正比,地震断层上的最大位错点即为初始破裂点,就是宏观震中位置(张四昌,1989)。据李细光等(2017),1936 年灵山地震的地表破裂带展布于高塘-夏塘-六蒙及蕉根坪-合口等地,全长约 12.5km,最大水平位移量 2.9m,最大垂直位移量 1.02m。在蕉根坪-友僚断裂以西,最大位移带位于夏塘水库东北至鸭子塘—蕉根坪一线附近;在友僚-蕉根坪断裂以东,发育两支地震地表破裂带,可以认为同震位错量为这两支地震地表破裂带位移量之和,最大位移带位于蕉根坪—镇安一带,最大同震位移带为中心向北东和南西两个方向地震地表破裂带的同震位移量呈递减的趋势,本次工作在此最大位移带开挖的一系列探槽也揭露了地震断层、地震陡坎及地震崩积楔等丰富的同震地表破裂现象,据此推断灵山地震的宏观震中极有可能位于灵山断裂北段与蕉根坪-友僚断裂交会处附近。

二、微观震中

此前由于观测资料的缺失,对于灵山地震没有可靠的微观仪器震中数据。据李保昆等(2015)的最新研究成果,微观震中测定结果如图7.1和表7.1所示。震中位置分别位于灵家南东侧约30km和灵家北西侧约15km。由于灵山地震发生时间较早,台站记录缺乏,且在灵山主震前不足5min发生了印度尼西亚卡拉克隆岛 M_W 7.7 地震,它的记录强烈影响或覆盖了灵山地震的记录(李保昆等,2015),在误差范围内与宏观震中位置基本保持一致,结合发震断层倾向南东,微观震中位置应在灵山断裂南东罗阳山一侧。

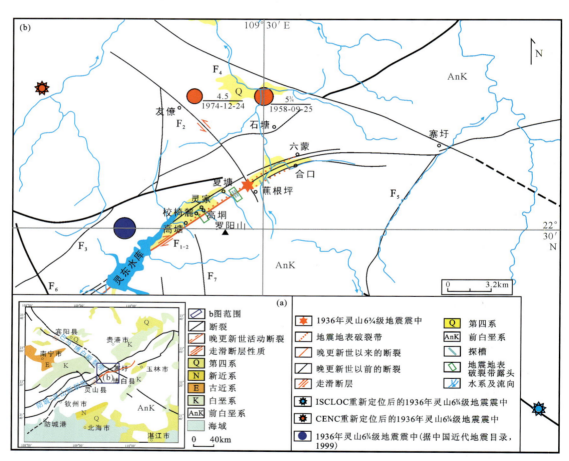

F_{1-2} 灵山断裂;F_2 蕉根坪-友僚断裂;F_3 石塘断裂;F_4 寨圩-六银断裂;F_5 寨圩-浦北断裂;

F_6 佛子断裂;F_7 泗洲断裂

图 7.1 区域构造简图(a)及震区地震构造图(b)

表 7.1　灵山地震微观震中参数(据李保昆等，2015)

发震时刻 (h:m:s)	误差/s	均方差/s	经度/(°N)	纬度/(°E)	误差椭圆 km	误差椭圆 km	误差椭圆 (°)	深度/km	误差/km	台数	Gap/(°)	最小震中距/(°)	最大震中距/(°)	M_S	方法
02:12:20.10	3.64	3.49	22.61	109.34	45.1	32.9	0	9	27.4	7	185	12.60	120.40	7.0	CENC
02:12:17.88	1.88	3.64	22.37	109.70	47.6	22.0	162	10.0f		8	185	13.66	120.54		ISCLOC

第二节　震级大小

由于长期以来缺乏灵山地震的仪器记录，目前多数文献中均根据震中烈度Ⅸ度推算出灵山地震震级为6¾级(李善邦，1960；顾功叙，1983；中国地震局震害防御司，1999)。李保昆等(2015)根据仅有的上海徐家汇台记录图纸测定地震震级 M_S 为7.0(表7.1)。但由于当时监测手段落后且记录单一，所测地震震级无法达到现代多台仪器所测定的地震震级精度。

鉴于上述原因，本研究利用最新获得的地震地表破裂带相关参数，结合对比前人研究成果来推算1936年灵山地震震级。各种方法计算出的地震震级见表7.2。

表 7.2　根据多种经验关系式推算的 1936 年灵山地震震级

计算方法	公式	地震地表破裂长度 L/km	推算震级
邓起东等，1993	$M=6.25+0.8\times\lg L$	12.5	7.127 5
Wells and Coppersmith，1994	$M=5.16+1.12\times\lg L$	12.5	6.388 5
陈达生，1984	$M=6.636\,2+0.565\,1\times\lg L$	12.5	7.256 1
计算方法	公式	最大同震地表位移 MD/m	推算震级
Wells and Coppersmith，1994	$M=6.81+0.78\times\lg MD$	2.9	7.170 7
计算方法	公式	震中烈度 $I_o \backslash I_e$	推算震级
李善邦，1958	$M=0.58\times I_o+1.5$	9.5	7.01
刘昌森，1989	$M=0.67\times I_o+0.66$	9.5	7.025
许卫晓等，2016	$M=0.549\times I_e+1.859$	9.5	7.074 5

根据前人研究(陈恩民和黄咏茵,1984;任镇寰等,1996)及本次调查结果,灵山地震极震区发育了长约 12.5km 断续分布的地震地表破裂带及丰富的滑坡、崩塌、砂土液化、地陷、地裂缝等同震地表破裂现象,所以我们认为震中烈度为Ⅸ强(9.5),并在相关计算中选用这一烈度值。对比表 7.2 中结果可以发现,通过地表破裂带长度推算出的震级与通过震中烈度推算出的震级有较好的一致性,大部分分布在 7 级左右,Wells 和 Coppersmith(1994)的公式计算出的震级较小,这可能与中国采用的面波震级普遍大于国际上采用的矩震级,且两者差值平均达到 0.3 级有关(戴志阳等,2008)。

由于 1936 年灵山 6¾ 级地震Ⅸ强区域面积非常狭小,不到 1km²,且灵山地区湿热多雨的环境和较为频繁的人类活动可能导致同震位移测量值偏大,结合华南沿海地震带内陆地区历史地震特征,我们推测 1936 年灵山地震震级应在 6.8 级左右,这一结果与同震地表破裂带参数及极震区地表破坏现象调查结果符合较好,但值得注意的是,1936 年灵山 6¾ 级地震烈度衰减速度远大于其他地区发生的类似震级的地震(陈国达,1939),所以通过烈度区长轴半径来计算震级会出现计算结果偏小的现象。

第三节 震中烈度

前人对于灵山地震的烈度分布特别是震中(极震区)的烈度分布已做过很多研究(陈国达,1939;李伟琦等,1992;任镇寰等,1996),由于评定烈度的标准依据不同,掌握的资料有异,所给出的地震烈度线图、极震区形态也不尽相同(图 7.2)。陈国达(1939)根据梅卡里烈度表评定标准,将灵山地震震中烈度评定为Ⅹ度;国家地震局全国地震烈度区划编图组汇编的《中国地震等烈度线图集》中,灵山地震的震中烈度为Ⅸ度[图 7.2(a)],1983 年出版的《中国地震目录》(顾功叙,1983)和 1999 年出版的《中国近代地震目录》(中国地震局震害防御司,1999)均采用此图。此后陈恩民和黄咏茵(1984)、李伟琦(1992)、任镇寰等(1996)均对震中区烈度进行了重新评定,震中烈度达Ⅸ度强,分别如图 7.2(b)和图 7.2(c)所示。

在《中国近现代重大地震事件考证研究》广西分项——《历史地震震后调查和救灾工作之范例》(广西壮族自治区地震局,2011)研究报告中,根据灵山筹赈会工作报告中的灵山县地震灾情统计表和灵山地震志(陈国达,1939)中的有关论述及 20 世纪 80 年代中期的调查资料,按照《中国地震烈度表》(1980),对极震区及附近的村庄的地震烈度进行了评定,绘制了极震区等烈度线图,对图 7.2(c)的Ⅷ度区做了局部调整,不超过Ⅶ度的区域按图 7.2(a)不变,结果如图 7.3 和图 7.4 所示。

据野外调查显示,1936 年灵山地震地表破裂带延伸至蕉根坪以东约 3.5km 的合口—六蒙一带,与上述前人所绘制的极震区烈度图对比可见,地震地表破裂带分布范围与北东向Ⅸ度区的长轴方向基本一致,据此我们将灵山地震震中北东向Ⅸ度区范围向东延伸至蕉根坪以东 4km 左右,沿地表破裂带两侧 1~2km 范围分布。

第七章 发震构造判定

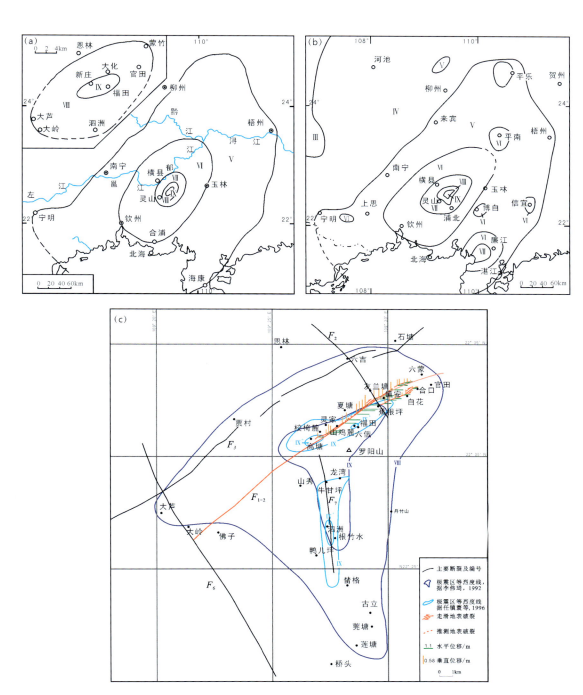

图 7.2 1936年灵山 6¾ 级地震等烈度线图(a,b)以及极震区等烈度线与地表破裂带叠合图(c)

1936 年广西灵山 6¾ 级地震地表破裂带新发现

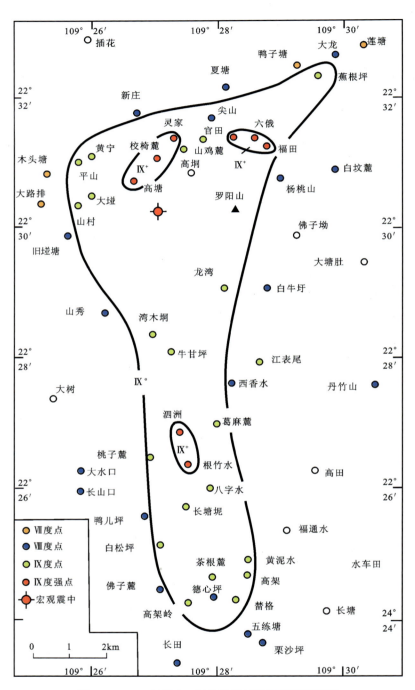

图 7.3　1936 年灵山 6¾ 级地震极震区等烈度线图

第七章　发震构造判定

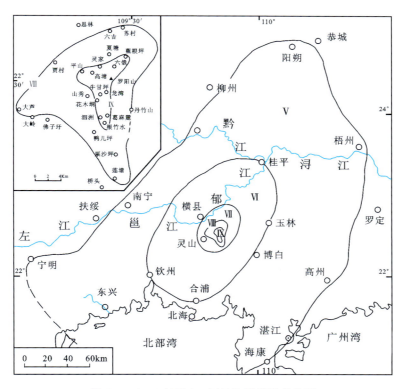

图 7.4　1936 年灵山 6¾ 级地震等烈度线图

第四节　发震构造判定

对于灵山地震的发震构造，前人的认识不尽相同。陈国达(1939)认为，灵山地震震中形状为一长短轴比约 5∶1 的狭长椭圆形，从"罗阳山脉西北麓一带水源断绝及水井干涸之原因推测，此次地震之发生，似即为该处原有断层继续活动之结果"，结合烈度向南东衰减相对慢的特点推断此次地震发震断层为罗阳山西北麓山前的倾向南东的北东向断裂。陈恩民和黄咏茵(1984)根据极震区长轴方向，认为本次灵山地震震源断裂面以北东东走向为主，北北西走向为辅；李伟琦(1992)根据极震区等震线形状及低烈度区长轴方向推测灵山地震可能是北东东向断裂和北北西向断裂共轭破裂的结果，北东东向构造是控震构造；任镇寰等(1996)认为"北东东、北北西向断裂均参与了本次地震的孕育过程，北东东向是主破裂"；潘建雄(1994)认为，在现代北西西-南东东向区域构造应力场作用下，北东向的防城-灵山断裂带和北西向的巴马-博白断裂带的组成断裂拟合为活动性较高的共轭构造，1936 年灵山地震可能是这组共轭构造同时活动的结果，主破裂面以北东东向断裂为主。

调查发现，罗阳山西北麓在高塘—合口、六蒙一带沿灵山断裂发育了长约 12.5km 的地震地表破裂带，并且该破裂带在地貌上表现为断层槽地、断层陡坎等；而北西向的蕉根坪断

151

裂未在晚更新世以来有过活动迹象（图7.5），但沿蕉根坪断裂发育有断层谷地，认为其为一条早第四纪断裂，不是此次地震的发震构造。前人在罗阳山南麓的泗洲、根竹水、龙湾等地也有地裂缝及房屋破坏较为严重的报道（陈恩民和黄咏茵，1984；任震寰等，1996；李伟琦，1992），本次调查发现，罗阳山南麓的破坏以小规模滑坡为主，地裂缝等其他地表破坏的规模和发育程度不如罗阳山西北麓，所以我们认为罗阳山南麓的地表破坏应由沿罗阳山南麓的泗洲断裂等北北西向小断裂的同震感应震动造成的。

综上所述，1936年灵山地震的发震构造为罗阳山西北麓北东—北东东走向的灵山断裂，罗阳山南麓的北西向蕉根坪-友僚断裂在主断层破裂影响下发生了感应震动，造成了局部烈度增强，是此次地震的控震构造。

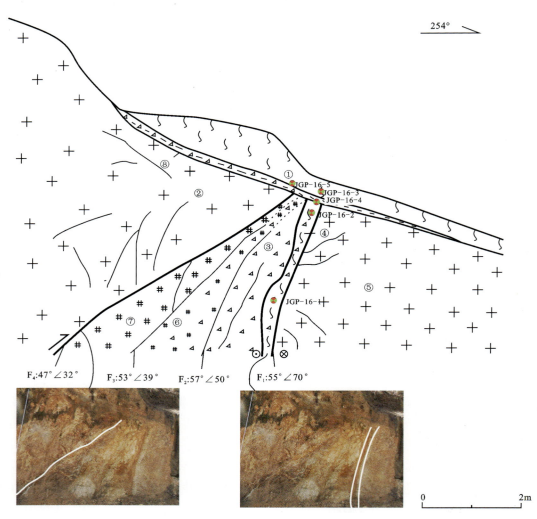

①第四系残坡积层；②风化花岗岩（较完整）；③花岗岩角砾；④黄色含角砾黏土；⑤碎裂化花岗岩；⑥碎裂岩；⑦破碎花岗岩；⑧深灰色标志层

图7.5 蕉根坪-友僚断裂野外照片及构造剖面图

第八章　深浅构造耦合作用及地球动力学研究

钦(州)灵(山)造山带(汪劲草等,2017),又称灵山断褶带(吴继远,1980)、防城-灵山深大断裂带(广西壮族自治区地质矿产局,1985),位于桂东南灵山、钦州和东兴一带,其北西侧为十万大山中生代前陆盆地(张岳桥,1999),南东侧为六万大山海西期—印支期花岗岩断隆,北端截于浦北县的北西向寨圩断裂,南端延出至中南半岛,在我国境内长约240km,宽约30km。钦灵造山带呈北东-南西向,主要由古生代、中生代和新生代地层,以及酸性岩浆岩、紧密褶皱及断裂束组成,属钦杭结合带(杨明桂,1997)南西段的组成部分(图8.1)。

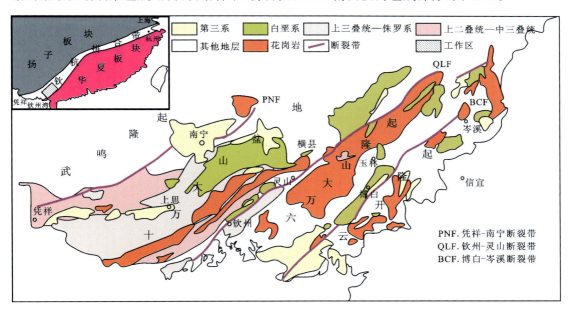

图 8.1　区域大地构造位置示意图

绝大多数学者认为灵山断裂带是扬子板块与华夏板块在广西东南部的分界线(张伯友等,1995;殷鸿福等,1999;梁新权等,2005;张岳桥等,2012),并将北西侧毗连的十万大山中生代盆地视为两大板块碰撞拼合时形成的前陆盆地(张岳桥,1999),但迄今,对扬子板块与华夏板块在该地区是如何碰撞拼接的,以及碰撞拼合(造山)带的结构、构造样式及构造演化等关键科学问题的研究,目前仍属空白或涉及极少。本次通过对灵山区域发育的深浅部构造进行构造解析,研究钦灵板内造山带的结构与构造演化,归纳总结其特征及深浅部耦合关系,建立与区域构造演化相关的地球动力学模型,从而对灵山震区构造背景及地震成因有更好地了解,具有重要的科学意义。

第一节　灵山正花状构造研究

对灵山断裂带的构造解析表明,在平面上显示走滑断层特点,在剖面上表现为背冲式断层向下会合成一条陡立的走滑断层,为扬子板块与华夏板块斜向碰撞的产物。

一、正花状构造平面特征

钦灵板内造山带发育巨型走滑构造,整体走向北东,区域上为压扭性质逆-平移断裂带,北侧以北西向寨圩断裂为界,南侧以浦北岩体南端为界(图8.2)。

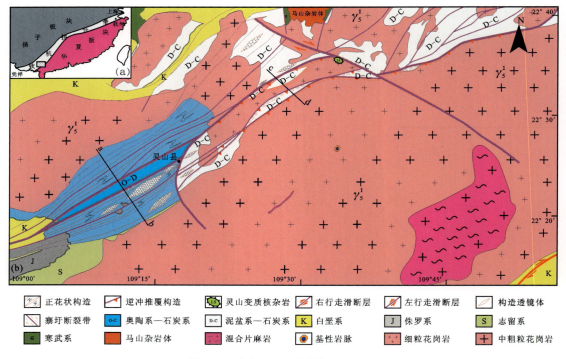

图 8.2　灵山地区正花状构造平面图

平面上两侧对称排列压扭性质断层系与走滑型韧性剪切带组合构成北东向正花状构造,断层及剪切带规模从中间往两侧逐渐变小,宽度逐渐减小。中央为挤出抬升的巨型奥陶系透镜体及其两侧剪切带内出露一系列指示剪切指向的不对称褶皱及面理构造。正花状构造内一系列近平行的断层不仅是两侧剪切带变形规模及程度的分带,而且作为区域地层岩性的分界面,明显是由一次强大的构造运动改造而形成的。

正花状构造南东侧断裂带出露较多灰岩孤峰,均沿北东向排列,为顺走滑型韧性剪切带,剪切指向活动且抬升出露地表的构造透镜体。正花状构造北段断裂切穿浦北岩体与台马岩体间的过渡带,其间剪切带发育距离变宽,高度构造混杂堆积,主要发育的构造为大范围的挤出构造、泥穿刺岩墙及面理带。

二、正花状构造剖面特征

正花状构造剖面上形态表现为呈背冲形式的叠瓦状逆冲断裂双向变形带,发育于整个奥陶纪—石炭纪构造层内。从两侧岩体之间的距离来算,正花状构造剖面宽度可达近10km。剖面从中央至两侧变形逐渐增强,两侧不同岩性的地层均受挤压作用影响而形成高角度走滑型剪切带及一系列宏观、微观上指示剪切指向的构造(不对称褶皱及面理带),中央为奥陶纪巨型挤出构造透镜体,其间由变形分解作用形成断裂作为分界。带内发育构造角砾岩与碎裂岩带,南东侧发育较多灰岩、砂岩等构造透镜体,北西侧则面理及褶皱变形更加发育。褶皱轴面劈理十分发育,置换程度较高。顶部双向叠瓦状逆冲断裂束于深部会成高导低阻的深部直立韧性滑脱带,深浅部构造对应关系良好。两侧岩体靠近正花状构造部位发育较密集平行排列的垂直节理,并无韧性变形的痕迹,表明正花状构造仅发育在岩体间变形带内,岩体只受后期脆性变形干扰(图8.3)。

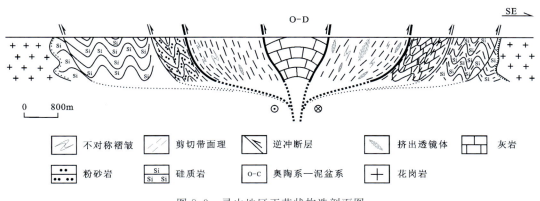

图8.3 灵山地区正花状构造剖面图

三、正花状构造变形特征

1. 走滑型剪切带变形特征

钦灵板内造山带正花状构造内发育中央及两侧走滑型剪切带,整体呈北东向展布,宽约10km。带内劈理化与劈理置换现象通常呈带状发育,与褶皱伴生,发育于褶皱轴面,大部分为破劈理,出露少数板劈理。劈理主要发育在奥陶纪—泥盆纪灰岩、粉砂岩、泥质岩石内,多期劈理交叉排列,组合形态十分复杂,但可以明显观察到近垂直且顺剪切指向的劈理十分发育(图8.4)。

图 8.4　粉砂质泥岩中的紧闭褶皱与投入性轴面劈理(a)(镜向北东)和
劈理化含铁质泥岩、粉砂岩(b)(镜向北东)

组成钦灵板内造山带正花状构造两侧北东向分支剪切带变形标志主要为发育在灰岩内强烈压溶作用形成的劈理带(高塘面理产状为 330°∠25°)，出露地表部分风化破碎，但仍可辨认原先韧性变形的结构特点，变质程度较低，但变形极强(图 8.5)。

图 8.5　灰岩劈理化带，出露地表部分破碎(a)(镜向南东)和劈理化带野外露头(b)(镜向南东)

2. 构造透镜体变形特征

钦灵板内造山带发育两种不同规模的构造透镜体，一种为正花状构造中央构造混杂堆积的挤出透镜体，另一种为两侧岩体内的小规模大理岩捕虏体，以及走滑型剪切带内灰岩、砂岩、粉砂岩、泥岩构成的构造透镜体(图 8.6)。

正花状构造中央为奥陶纪地层，与两侧地层时代相差甚远，不是简单的背斜等褶皱挤压形成的核部地层，而是板块斜向碰撞拼合带中央部分形成的强烈挤出构造透镜体。该区域上、下奥陶统至上泥盆统厚度至少达 12 000m，而下奥陶统呈构造透镜体穿刺到断裂带中央地表，其垂直挤出位移达到了惊人的长度，即 10 余千米。

岩体内的包裹体主要为大理岩透镜体，地表出露面积通常有数十平方米，重结晶作用强，重结晶颗粒大小不等，部分颗粒直径可达 1～2cm，可见黑色残余原岩的条带。包裹体内发育大量节理及次级断层,部分大理岩透镜体发育角砾岩带,热液活动强,表壳及裂隙皆充填方解石脉体。

顺走滑型剪切带发育一系列不同岩性的构造透镜体,均在强烈挤压作用下挤出地表。灰岩形成的构造透镜体呈孤峰状出露地表,北东走向,硅化程度高,数量较多且规模很大,最典型代表为灵山县城中心六峰山。而一系列碎屑岩形成的构造透镜体常与复杂的褶皱变形共生,如出露在泥质粉砂岩中紧闭褶皱内的砂岩透镜体。构造透镜体作为整体变形域内的弱变形域,变形较周围强烈挤压变形弱,无论是在剪切带内还是在岩体内均受钦灵板内造山带正花状构造活动控制,可作为板块强烈挤压碰撞作用的有力证据。

图 8.6 构造抬升至地表的大理岩透镜体(a)(镜向南西)和泥质粉砂岩中的紧闭褶皱与砂岩透镜体(b)(镜向北东)

3. 褶皱变形特征

正花状构造内发育褶皱变形,从造山带前陆区域巨型的背向斜构造到剪切带内强烈挤压作用形成的多次叠加、轴面紧闭的不对称褶皱,组合样式十分复杂。从剖面形态来看,转折端形态以尖棱褶皱为主,翼间角均小于30°,轴面产状发育从直立→斜歪→平卧→倒转叠加等一系列挤压变形程度褶皱。层间次级从属褶皱发育典型 S-Z-M 型褶皱,与主剪切褶皱配套形成。从褶皱整体展布及挤压方向判断,该区域发育的褶皱均属同一时期形成,即钦灵造山期强烈挤压活动产生。在侏罗纪磨拉石堆积的地层内发育轴面紧闭的巨型背斜,为造山带前陆区褶皱变形(图8.7)。

4. 挤出构造变形特征

灵山断裂带挤出构造整体为一套构造混杂岩带,不同颜色的泥岩、粉砂岩、细砂岩等挤出体相互穿刺上升,出露地表。灵山断裂带强烈挤压作用使地层褶皱后再次变形,褶皱两翼应力集中,核部地层挤出,形成一系列地层挤出体(图8.8)及泥穿刺岩墙。呈翻转水滴状或气泡状的地层挤出体内部劈理发育,挤出作用使其破碎,无完整的层理。断裂带内还出露一套宽数米的张性赤铁矿化断层角砾岩带,张节理脉内亦充填铁质热液残余物。

图 8.7　侏罗纪磨拉石沉积地层内发育轴面紧闭的背斜(a)(镜向北东)和
泥盆纪粉砂岩及泥岩形成叠加褶皱(b)(镜向南东)

图 8.8　两侧风化破碎粉砂质泥岩之间穿刺上升的泥岩墙(a)(镜向北西)和
平行排列或十字交叉排列的泥岩墙(b)(俯视图)

5. 穿刺构造变形特征

泥穿刺岩墙位于挤出体顶部或边部,产状陡立,平行排列或十字交叉排列,宽 7~8cm,沿层间张节理穿刺上升,这是灵山断裂带在处于剧烈挤出构造活动影响下形成的构造现象。这种现象表明整个断裂-岩浆构造带不仅发育大型的正花状叠加变形构造,而且其于浅部亦表现为强烈的挤压变形,以至于表层覆盖层承受不住如此强烈的应力,从而导致软弱的泥质层顺张裂脉应力释放,底辟上升形成泥岩墙(图 8.9)。

6. 岩性分界断层变形特征

正花状构造最主要的组成部分为呈花状结构的叠瓦状逆冲断裂束,断裂发育规模从中央至两侧逐渐减小,而断裂主要形成部位为岩性分界面,为层间变形分解作用形成。中央奥陶系挤出构造透镜体两侧及毗邻断裂发育宽度可达上百米,为构造混杂的破碎带、构造岩带、劈理化带及一系列主要的和次级断层组成。其余分支断裂接近岩体部位受岩浆热液影响,活动减弱,规模减小。断层破碎带的宽度基本在 20m 以内,带内破碎程度中等,断层角砾岩带发育,并伴随一系列的次级小断层产出(图 8.10)。

图 8.9　挤出构造剖面变形(a)(镜向南西)和
岩性混杂的挤出体内发育大量残余流体(b)(镜向南西)

图 8.10　原岩为面理化灰岩形成的构造角砾岩带(a)(镜向南东)和
构造混杂且充填铁锰质的破碎带(b)(镜向南东)

7. 正花状构造岩体特征

　　大容山岩体南部为浦北岩体,为海西期—印支期形成的巨型岩体,整体展布方向为北东-南西向,其北西侧发育钦灵板内造山带正花状构造。平面特征总结为灵山深大断裂控制整条十万大山-大容山花岗岩带的展布及活动范围,组成该花岗岩带三大岩体(大容山、旧州、台马)呈左阶斜列式排布于十万大山前陆盆地与博白-岑溪深大断裂之间,说明岩体活动与钦灵板内造山带活动结合十分紧密。而该巨型北东向地壳重熔型花岗岩带的同期活动亦对钦灵板内造山带的结构构造产生一定的影响,限制了正花状构造分布范围与发育程度。

　　野外考察表明,浦北岩体岩性主要为堇青黑云母花岗岩、堇青黑云钾长花岗岩,结构为中细粒结构,构造则发育块状及似斑状构造,典型的 S 型花岗岩矿物堇青石用肉眼即可观察,长石斑晶较完整,石英颗粒粒径可达 1～2cm,黑云母颗粒十分清晰,地表风化层普遍较厚,最厚可达 10 余米,部分于地表出露的花岗岩岩基遭受不同程度的风化,与地层的接触关系为侵入接触关系,发育烘烤边且边界不平直,多呈岩脉状、岩墙状侵入由硅质岩、砂岩、泥岩、灰岩等构成的沉积层内(图 8.11)。

图 8.11　堇青黑云母花岗岩(a)(俯视图)和花岗岩与劈理化地层呈侵入接触关系(b)(镜向北东)

岩体以脆性变形为主，多组节理如垂直节理、X 型共轭节理均在岩体内发育，部分沿破裂面侵入花岗岩脉，劈理化强烈，代表灵山正花状构造整体强烈走滑兼挤压作用形成背景下对六万大山-大容山岩体产生巨大影响。而同时岩体亦限制了灵山正花状构造发育的范围及强度。在整个广西分布的印支期规模最大的北东向重熔型花岗岩体内发育如此强烈的挤压构造，表明灵山断裂带活动规模远超过一般的深大断裂带，且其构造活动期间岩浆活动为灵山地质构造历史时期内最为强烈的岩浆活动(图 8.12)。

图 8.12　多组节理交叉发育(a)(镜向南西)和
花岗岩内沿断裂面侵入的强烈片理化脉体及形式的次级断面(b)(镜向北西)

与沉积盆地内部简单的正花状构造不同，造山带内正花状构造的发育过程是与复杂的变质作用及温压条件的变化相伴随的。而伴随着与正花状构造三维结构相匹配的不同变质级别的变质带展布，除了花岗岩带外，还会出现混合岩及地壳熔融产生的物质。在浦北岩体腹地出露灰黑色条带状混合片麻岩→混合花岗岩，发育流动构造，石英条带表现出极强的定向性，亦叠加一定的脆性破裂，这些均是地壳深部物质剥露作用的产物，为灵山正花状构造的体现(图 8.13)。

图 8.13 脉体重熔花岗岩与基体片麻岩野外露头(a)(镜向南东)和
灰黑色混合岩宏观露头(b)(镜向北西)

第二节 灵山逆冲推覆构造研究

本次工作在灵山断裂带极震区平山—罗阳山一带进行了地质调查，先后在灵山断裂带南东侧的罗阳山山麓地带发现了多条推覆断层及推覆型韧性剪切带，结合灵山断裂带中央地带发育的南起新圩、北至北西向寨圩断裂的弧形大断裂带，罗阳山山前一系列构造样式组合确为逆冲推覆构造，是由南东向北西逆冲的、由主干低角度逆冲断层及其上一系列分支高角度逆冲断层组合形成的叠瓦式逆冲推覆构造系。

一、逆冲推覆构造平面特征

灵山逆冲推覆构造位于钦杭结合带南部(图 8.1)，防城-灵山断裂带灵山段东北部，南起罗阳山，东至寨圩镇，东西宽 35 余千米，南北长大于 20km。

在罗阳山山前两侧大容山岩体间发育 3 条北东—北东东向推覆断层和韧性剪切带，整体由南东往北西推覆。主干推覆断层与次推覆断层平行排列，在平面上呈分支复合的扁平弧形断层系，断层限制岩体间地层岩片的发育及后期岩浆侵入。沿推覆断层上盘岩体或地层岩片出露发育程度不一的韧性剪切带，主干推覆型韧性剪切带北侧为韧性剪切带，南侧转换为脆-韧性剪切带，而另外两条次级推覆型剪切带变形程度远逊于主干韧性剪切带，几乎带内均受到后期强烈脆性域改造，发育为韧性至脆-韧性剪切带。两侧左行走滑断裂起重要调节作用，北东侧寨圩断裂，早期切割两侧岩体与地层，于地表出露韧性剪切带，与推覆构造同期活动，限制逆冲推覆构造的北侧，且其强烈的右行走滑活动在平面上表现为靠近寨圩断裂的逆冲断层系由北东走向牵引偏移至北东东走向。南东侧新圩断裂为左行走滑断层，以脆性变形为主，岩体与地层呈侵入接触关系，证明灵山逆冲推覆构造于此断裂处并不发育，为其南部分界。

研究区发育两套不同构造系统内的地层：奥陶系—石炭系、泥盆系—石炭系。逆冲推覆构造系统内泥盆系—石炭系构造混杂,主要岩性为粉砂岩-燧石灰岩-硅质岩,而南部出露的奥陶系—石炭系几乎无出露于北部推覆系统内,间接证明了逆冲推覆构造是叠加于灵山断裂带正花状构造之上。逆冲断层系周边及韧性剪切带内部常出露一系列长轴为北东走向灰岩孤峰和大理岩透镜体,为逆冲断层系受造山带挤压应力场的影响,强烈的岩体活动及更为重要的深部韧性流层的爬升所形成的地表响应。

二、逆冲推覆构造剖面特征

灵山逆冲推覆构造发育于罗阳山山前(图8.14),总体由南东往北西推覆,由岩体作为推覆体,高角度推覆至泥盆纪—石炭纪强烈挤压褶皱片理化构造混杂的地层上。推覆断层组合样式由一条主干推覆断层及两条高角度(>50°)次推覆断层呈叠瓦状排列,倾向南东,无构造窗、飞来峰出露,即顶部并无联合形成顶板推覆断层,推覆距离有限。推覆断层系剖面上沿至深部合并为一条角度平缓的主滑脱带,此与物探剖面显示的深部地质特征吻合。主干推覆断层下盘地层的褶皱变形特征与次级断层下盘相仿,靠近断层处伴生平卧褶皱指示剪切方向与断层运动方向一致。

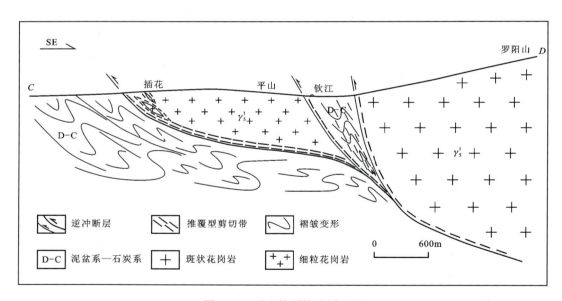

图8.14 灵山推覆构造剖面图

推覆断层控制韧性剪切带的分布,主干推覆断层上盘岩体较次推覆断层所夹泥盆纪—石炭纪地层或花岗岩构造透镜体及罗阳山底部巨型花岗岩体韧性变形,剪切带内碳质、铁质、锰质流体残余的现象更明显,剖面南东侧岩体变形弱至无变形,长石斑晶完整,节理发育。剪切带后期叠加强烈脆性变形,断层角砾岩、碎裂岩、超碎裂岩等一系列脆性破裂现象明显,覆盖其原本韧性剪切带的一些典型标志与特征。

三、逆冲推覆构造变形特征

1. 滑动系统推覆断层变形特征

主推覆断层 F_1 位于灵山推覆构造最前缘，走向北东，穿过插花、沙塘口和石塘等地，全长30多千米，断层倾角 $43°\sim65°$。

F_1 变形强度及发育范围均大于其余分支推覆断层，整体发育宽百余米的断层破碎带、角砾岩带、碎裂岩带至超碎裂岩带，硅化、构造透镜体、挤压揉皱现象强烈且铁锰质大量富集于断裂带内。断裂主要活动期次为印支期，运动学特征表明早期断层推覆海西期—印支期花岗岩至下盘强烈挤压变形的地层之上，大量由泥盆纪—石炭纪构造混杂岩片组成的构造透镜体沿断层上升至地表，均褶皱劈理化且韧性变形强烈，发育从平卧褶皱、倒转褶皱至叠加褶皱一系列变形程度强烈的褶皱，为高角度逆冲断层，层间从属的 S 型、M 型褶皱及发育的线理、面理构造，指示其北西向推覆方向；中期断层经过岩体，使岩体活动增强，带内大量热液活动形成大理岩透镜体及角砾岩带，热变质作用强，大理岩角砾内重结晶颗粒大小在 $0.5\sim2\mathrm{cm}$ 之间，差异悬殊，偶见大理岩角砾呈条带状，为具压扭性质的逆断层持续挤压且使岩体内活动增强。晚期断层活动性质由挤压转换为拉张，断裂发育十余米宽的断层角砾岩带，均赤铁矿化，多组高角度次级断面，张节理内方解石脉充填，最主要的体现为后期沿主活动断层垂向侵入大量印支期—燕山期花岗岩岩墙、岩脉，指示推覆构造活动减弱至转换为张性活动(图8.15)。

图 8.15　岩体推覆于黑色含碳质碎裂岩带之上(a)(镜向北东)和
后期岩墙侵入叠加脆性变形的剪切带(b)(镜向北东)

分支推覆断层 F_2 为罗阳山山前洼地北西侧高角度冲断层，其南侧穿过灵东水库，北侧通过平山—夏塘一带，长大约 25km，断裂走向北东—北东东，产状 $58°\sim71°$。

该分支断层发育在泥盆纪—石炭纪构造混杂的岩片与岩体间，与罗阳山山前分支推覆断层交织复合，使所夹岩片呈透镜状一连串排列于岩体内，发育宽 20 余米的硅质碎裂岩带、断层角砾岩带、断层破碎带等一系列断层岩组合，强挤压变形产生一系列波型褶皱、箱型褶皱、倾竖褶皱、叠加褶皱等变形及线理面构造，同样残余大量碳质、铁锰质于断面及周围构造域内。岩片内变质作用强烈，重结晶作用明显，超碎裂岩内亦显示原岩的重结晶特征。运动学特征表明，早期断层推覆泥盆纪—石炭纪构造混杂的岩片至花岗岩体之上，结合区域挤压褶皱倒向(轴面倾向129°～153°)，指示北西向推覆方向，呈压扭性活动；中期受北西向断层影响，断层走向逐渐发生偏移，发育宽度不等的一系列断层岩，活动由强转弱，但仍处于挤压活动中；后期断层穿过岩体，发育宽2～4m、由一系列次级断面组成的逆断层，断面光滑，擦痕、阶步清晰，发育花岗质碎裂岩，两侧发育残坡积物，风化程度高，整体处于脆性变形，并受扬子-华夏板块造山作用的持续影响，石炭纪含铁质浅变质粉砂岩发育劈理置换，劈理产状60°～84°，铁矿化砂岩透镜体呈雁行排布，其性质转化为以走滑为主、挤压为辅(图8.16)。

图8.16 花岗岩内发育擦痕、阶步(a)(镜向北东)和顶薄褶皱及其轴面上B线理(b)(镜向南东)

分支推覆断层F_3位于罗阳山山前，经新民、元眼、校椅麓、焦根坪至丰门村等地，在研究区出露长约25km，走向北东—北北东，产状普遍大于75°。

该断层发育在泥盆纪—石炭纪构造混杂的岩片与岩体分界南东侧，与分支推覆断层F_2交织复合，其活动特征受后期强烈的岩浆活动及退变质作用而显得十分复杂，所发育的断层岩组合包括断层破碎带、断层角砾岩带和碎裂岩带，宽度由几米至十余米不等，带内挤压揉皱及一系列相同活动方向的褶皱、劈理、线理面理现象发育，岩体内卷入强烈挤压变形，岩脉、岩墙及石英脉内可见强热变质及劈理化活动的表现(图8.17)。

断层运动学特征显示，早期断层发育灰白—灰黑色含铁锰质硅质碎裂岩带，其下盘地层发育顶薄褶皱，褶皱轴面上两期线理发育，B线理指示断裂具逆断层性质且为北西推覆方向。中期断层斜切过花岗岩，花岗岩内发育断层破碎带，断面及破碎带上铁质含量高，劈理密集发育，均呈高角度，挤压作用减弱，并伴随一定程度的热液活动。晚期断层受强烈脆性活动控制，在岩体及构造混杂的岩片内发育断层角砾岩带、断层破碎带、张裂脉及断层岩带内劈理化及劈理置换程度均很高，指示断层活动性质发生转变，由挤压为主变成以张性为主。

2. 滑动系统韧性剪切带变形特征

灵山地区韧性剪切带主要发现于逆冲推覆构造的上盘，花岗岩体及构造混杂的岩片及透镜体内，为推覆型剪切带。按规模大小来分，主推覆型剪切带的发育程度远大于罗阳山山

图 8.17 切过大理岩捕虏体的断层角砾岩带(a)(镜向南西)和后期的花岗岩侵入推覆构造(b)(镜向北东)

前两条分支韧性剪切带,且亦受两侧围限的调节断层及走滑型韧性剪切带的控制及影响。整个剪切带内发育强重结晶的硅质岩及各种糜棱岩,但后期叠加复杂的脆韧性-脆性变形,在层间发育多条层间滑动的不连续面、片理化条带,且发育由重结晶强的硅质超碎裂岩强挤压形成的倾竖褶皱。

主推覆型韧性剪切带宽达 300 余米,高角度韧性剪切带从顶部发育未变质花岗岩过渡至糜棱岩化花岗岩,碳质、铁质构造透镜体发育,普遍风化、泥化,逐渐过渡至硅质糜棱岩(图 8.18),变形逐渐增强,面理产状 134°∠43°,无根褶皱及一系列不对称组构发育,剪切指向与断层活动一致。晚期多条岩墙侵入剪切带内,岩墙内多组节理发育,表明该构造带性质由挤压转为拉张,大量铁锰质、碳质顺次级正断层残留破坏剪切带结构,变质作用弱,变形极强(图 8.19)。次推覆断层上盘泥盆纪—石炭纪构造混杂岩内出露两条推覆韧性剪切带,宽度为 50~150m,规模小于前者,亦发育强面理带及复杂的褶皱变形。

图 8.18 花岗质糜棱岩面理条带及无根褶皱(a)(镜向北西)和糜棱岩带内含碳质、铁质花岗质透镜体(b)(镜向北西)

3. 原地系统变形特征

原地系统为强褶皱劈理化的构造混杂的岩片及构造透镜体,岩性主要为硅质岩及硅质

图 8.19 硅质糜棱岩带内不对称组构(a)(镜向北西)和
剪切带遭后期正断层破坏及大量碳、锰质流体残余断面(b)(镜向北西)

泥岩,部分区域出露砂岩、粉砂岩、页岩及少量大理岩,分布很不均一,且均受到花岗岩活动的影响。

构造透镜体内沿破裂面残余大量铁锰质,断层角砾岩带及碎裂岩带亦存在同样的现象,且于逆冲推覆构造活动早期富集磷矿,晚期抬升至地表。

原地系统受强烈的挤压作用影响,从罗阳山山前至主推覆断层部位发育由舒缓波状-箱状-紧闭等样式不等且挤压程度逐渐增强的平卧-倒转-叠加等一系列褶皱,表明原地系统受到推覆构造的强烈影响,与原地沉积的地层呈迥然不同的构造环境。

整体劈理化及置换程度高,褶皱轴面及顺层劈理发育。多条次级断层切过岩片,发育断层角砾岩带,断层牵引两侧岩石指示整体为逆断挤压的性质,这些都属于下盘脆性变形的表现(图 8.20)。

图 8.20 含磷质、硅质岩叠加褶皱轴面-顺层劈理发育(a)(镜向南东)和
推覆断层下盘次级断层及牵引构造(b)(镜向南东)

4. 外来系统变形特征

钦灵逆冲推覆构造进一步改造六万大山-大容山花岗岩带形态,而岩浆活动亦为推覆构造剪切带的发育及其活动创造了良好的温压条件,使其夹持大量未完全熔融地层残块出露地表。

推覆构造相关的岩体岩性较正花状构造有些许差异,岩性主要为灰白色黑云母花岗岩、黑云母钾长花岗岩,典型的花岗结构及似斑状结构,块状构造,斑晶成分主要由石英组成,较均匀,大小在 2~3mm 之间。主体出露的钾长花岗岩的整体风化程度很高,岩体内出露不同规模的捕虏体,在冲断层附近出露巨型的大理岩捕虏体。岩体内出露大量暗色包体,多条细粒花岗岩岩脉、岩墙侵入岩体内,部分呈浑圆状、柱状包体侵入岩体(图 8.21)。

图 8.21　黑云母钾长花岗岩内的细粒花岗岩包体(a)(镜向南东)和
发育多组节理的大理岩捕虏体(b)(镜向北东)

整个逆冲推覆构造切割改造罗阳山山前岩体形态,形成罗阳山山前弧形坳陷及花岗岩带,顺叠瓦式冲断层推覆至地层之上的岩体。泥盆系—石炭系呈透镜体状排列于地表,岩体内亦出露地层残块,为岩体内冲断层活动产物,露头可见到明显透镜状面理及层间硅化的现象(图 8.22)。

图 8.22　浦北岩体内沿冲断层上升至地表的地层残片(a)(镜向北东)和
侵入地层内的花岗岩脉(b)(镜向北东)

岩体变形根据推覆构造变形部位不同而发生变化。北段以脆性变形为主,与泥盆纪粉砂质泥岩呈侵入接触关系,节理十分发育,节理密度较高,可达 23 条/m。除了大量发育的节理外,岩体内发育规模、大小不等的脆性断层,切割岩体且发育破碎的石英脉。中段韧性变形增强,所侵入的地层均褶皱劈理化,变质程度较高。南段变形最为复杂,早期强烈的韧性变形叠加晚期脆性构造,大量铁锰质流体残留在花岗岩与剪切带的接触面上,发育垂直于挤压方向的节理(图8.23)。

图8.23　强变形的花岗岩内残余大量铁锰质流体物质(a)(镜向南东)和
发育多组节理的黑云母花岗岩岩体露头(b)(镜向南西)

第三节　灵山伸展构造研究

完整的造山带伸展构造组合称为变质核杂岩体(宋鸿林,1987;朱志澄,1987),它从上往下由5部分组成:①由高角度正断层控制的同构造期伸展断陷盆地,正断层呈铲式,向下与低角度拆离断层联合;②上盘新地层,相对拆离断层下盘地层一般不产生变质,变形也仅限于脆性变形或变形很弱;③低角度拆离断层(<30°),可产生多期脆性变形叠加,发育角砾岩、碎裂岩,甚至假熔岩,是十分重要的成矿构造;④低角度下滑型韧性剪切带,一般发育于片岩、片麻岩、混合岩等中—深变质岩中,其面理与拆离断层面产状接近,剪切带内变质变形从下往上逐渐增强;⑤变质核,韧性剪切带以下地质体皆称为变质核,可包括变质地层与同构造期花岗岩,变质核地层与上盘新地层之间缺失大套地层。灵山震区伸展构造是本次工作中最重要的发现之一,它的发现是钦灵板内造山带存在的重要证据,标志着灵山断裂带作为板缘深大断裂代表了扬子板块与华夏板块在广西东南部的分界,同时,它与灵山罗阳山逆冲推覆构造一起分别代表了钦灵板内造山带碰撞与后造山两个重要阶段的构造产物,具有重要的科学意义。

一、伸展构造平面特征

钦灵板内造山带伸展构造位于浦北岩体北西侧,范围近数千米,为一套多期活动抬升至地表且强烈揉皱变形的变质核杂岩,整体呈孤立的拱形,叠加于早期逆冲推覆构造之上,受北西向寨圩断裂改造,其变形十分复杂。

在深部机制方面,大陆碰撞形成造山带并在其下形成下凹的根带,根带通过拆沉作用或对流夷平作用而消失,导致造山带的浮力反弹。去根作用及热的软流物质的补充在造山带下部形成热穹隆,同时使地壳产生广泛的部分重熔,形成岩浆上涌,进一步加强了浮力反弹效应,从而导致造山带的拉伸应力场。造山后伸展构造的上部机制主要是造山运动形成的造山带楔体与周围相比,存在较陡的压力梯度和较大的重力势能差,从而使楔体发生重力扩散以达到与周围的平衡。但这只是一种趋势,增厚不是一个足够的驱动力,还需诸多因素的促进作用。首先,水平挤压应力的减小和消失,使增厚产生的巨大垂向压应力变成主压应力,形成利于重力扩散的应力场。在造山增厚过程中,流变性质的弱化和水分的加入在造山带下部形成韧性软弱带,该带规模随增厚程度增大而增大并进一步弱化,形成造山带楔体的不稳定基底。造山带上地壳的叠置在其内形成稳定性最差、强弱互层的"三明治"式结构。造山带下部的热剥蚀、热穹隆和热松弛以及部分重熔使上述软弱层进一步弱化,使造山带楔体处于一种极不稳定状态,这种不稳定状态在造山带楔体向正常地壳的过渡区域最为明显。另外,造山带中普遍发育的低角度逆冲断层是构造薄弱面,在失稳的重力作用下极易活化,促进伸展构造的形成。换句话说,平面上在灵山逆冲推覆构造活动期内,该区域地壳普遍增厚且积累大量势能,造成地壳重力不稳,造山带山根拆沉,伸展构造初步产生,叠加于推覆构造之上。罗阳山山前由于地壳部分熔融而产生造山后岩浆活动,持续上升的岩墙与向两侧拆离的脆性断层及韧性剪切带相辅相成,但由于活动范围及强度受限,并未形成媲美灵山推覆构造的伸展构造组合样式,仅于推覆构造前锋局部范围可见,且受后期强烈脆性活动改造,剥蚀严重。

二、伸展构造剖面特征

钦灵造山伸展构造主要包括低角度正断层(又称拆离断层与剥离断层)及其下盘的低角度伸展型韧性剪切带和同伸展期侵入的后造山花岗岩。灵山伸展构造剖面具有以下几点特征。

(1)伸展构造区主要出露两套花岗岩,主体经历构造抬升剥蚀的钾长花岗岩以及后造山期侵入细粒花岗岩,可以观察到二者接触关系为断层接触关系,但不排除早期为侵入接触关系至后期断层接触改造,两种花岗岩内均出露大量地层硅化捕虏体,捕虏体劈理化及破碎现象严重,变质程度中等,变形很强。

(2)灵山伸展构造发育网状次级拆离断层,断层面发育多期活动形成的断层泥,其中铁锰质含量较高,顶部主拆离断层受构造剥蚀及抬升风化的影响而消失。

(3)该区域韧性剪切带发育于斑状花岗岩的顶部,为伸展型韧性剪切带,表明钦灵板内造山带产生了后造山伸展,斑状花岗岩的出露一定程度上与伸展作用产生的构造剥蚀有关,但由于在靠近韧性剪切带的花岗岩中有围岩捕虏体,结合韧性剪切带出露的有限范围及韧性剪切带的规模,初步认为灵山乐民伸展构造的构造剥蚀程度不高。

(4)剖面构造观测表明,乐民韧性剪切带中叠加多期脆性变形,特别需要指出的是,剪切带在韧性、韧-脆性、脆性阶段都有大量的碳质、铁质与锰质加入,不仅改变了韧性剪切带的成分,而且使韧性剪切带构造岩的结构发生很大的改变,构造岩性质变得复杂多变,而且导致局部应变软化、变形温度降低。由于变形分解,一部分碳、铁、锰以化合物形式沉积于花岗岩构造透镜体中,另一部分沉淀于强面理化条带中,因而使花岗质糜棱岩变得面目全非,外貌粗观极像沉积岩石。

(5)顶部未变形沉积地层仅在右行走滑的寨圩断裂一侧可见,强烈褶皱劈理化,略微变质,亦含有少量碳质、铁锰质(图8.24)。

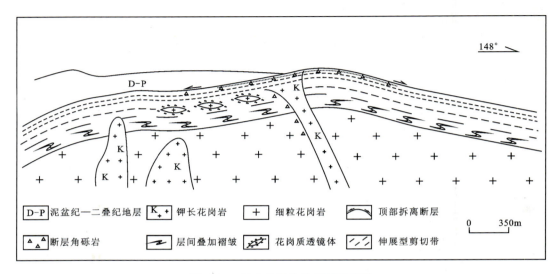

图 8.24 灵山伸展构造剖面示意图

三、钦灵板内造山带伸展构造变形特征

1. 顶表地层变形特征

顶表泥盆纪—石炭纪地层受到剥蚀,仅于寨圩断裂一侧出露,岩性以硅质岩为主,残余大量碳质、铁锰质流体于层间。地层未受到伸展构造韧性变形的影响,可观察脆性变形为发育多组节理切割地层,层间破碎,且作为流体活动通道使整体地层强度减弱,易于风化,为寨圩断裂强烈左旋走滑运动的产物(图8.25)。

2. 拆离断层变形特征

钦灵板内造山带同伸展构造期隆起的斑状花岗岩顶部发育一系列拆离断层,主拆离断层与其上沉积的地层由于构造剥蚀与长时间的外动力作用而从底部糜棱岩的上部有磨平现象乃至消失,仅剩余分布在伸展型剪切带内交错排列的次级拆离断层(图8.26)。次级拆离断层带主体呈网状分布于花岗岩顶部,其起到的作用有以下几点:调节区域伸展作用;控制流体活动的通道;影响构造透镜体展布、形态;破坏早期韧性剪切带的变形标志。

主要脆性变形构造包括:①张性角砾岩化条带状初糜棱岩[图8.26(b)];②充填碳质、铁锰质化合物的剪节理脉[图8.27(a)];③发育于花岗岩与剪切带过渡带上的不连续压性新断面,上面可见断层泥与擦痕[图8.27(b)]。

图 8.25　含碳质、铁锰质硅质岩(a)(镜向北西)和
顶部构造层发育大量节理且受热液流体影响(b)(镜向北西)

图 8.26　碳质、铁锰质流体残余剪切带及角砾(a)(镜向东)和
张性角砾岩化条带状初糜棱岩(b)(镜向东)

图 8.27　充填碳质、铁锰质化合物的剪节理脉(a)(镜向北东东)和
发育于花岗岩与剪切带过渡带上的不连续压性新断面(b)(镜向北东)

3. 伸展型韧性剪切带(变质核)变形特征

乐民韧性剪切带发育于斑状花岗岩的顶部，为伸展型韧性剪切带，表明钦灵板内造山带

产生了后造山伸展,斑状花岗岩的出露一定程度上与伸展作用产生的构造剥蚀有关。而由于在靠近韧性剪切带的花岗岩中有围岩捕虏体,结合韧性剪切带出露的有限范围及韧性剪切带的规模,初步认为灵山乐民伸展构造的构造剥蚀程度不高。

韧性剪切带的变形分带是判断剪切带性质的重要依据,韧性剪切带可分成3种类型:伸展型、推覆型与走滑型。伸展型韧性剪切带发育于主拆离断层的下盘,剪切带变形变质分带从下往上逐渐增强。乐民镇开发区大面积(大于$3 \times 10^4 \mathrm{km}^2$)的山体开挖揭露出十分壮观的新鲜构造剖面,一系列不同方向的构造剖面清晰地揭示出花岗岩体顶部发育韧性剪切带,其中发育花岗质糜棱岩,即韧性剪切带发育于花岗岩体中,为其顶部带,其变形分带从下往上为:含花岗岩分解构造透镜体的韧性剪切带[图8.28(a)],土黄色面理化花岗质初糜棱岩与灰黑色含碳质、硅质、铁质、锰质的强面理互层带[图8.28(b)、(c)],灰黑色含碳质花岗质糜棱岩带[图8.28(d)]。根据上述变形分带特征判断,乐民开发区出露的剪切带为伸展型韧性剪切带。

图8.28 花岗质分解透镜体环绕着含碳质花岗质糜棱岩(a)(镜向东)、浅黄色面理化花岗质初糜棱岩(b)、灰黑色—土黄色含碳质、硅质、铁质、锰质的强面理互层带(c)(镜向东)和花岗质糜棱岩面理条带及剪切褶皱(d)(镜向南西)

4. 花岗岩变形特征

伸展滑覆构造一般在造山带挤压作用强烈期即逆冲推覆构造后形成,其间常伴随岩浆活动尤其是侵入活动发生,侵入体的隆起可导致上覆盖层变形,进一步隆起便发生侵入体与上覆盖层的层间滑动,形成伸展滑覆构造,而区域拉张作用无论对地壳的减薄(即伸展构造地表条件的形成)还是对于花岗岩侵入体的形成都极具帮助。钦灵板内造山带伸展滑覆构造期形成的岩体特征呈现以下几个特点。

花岗岩岩性有两种。一种是粗粒斑状花岗岩,斑晶为长石,一般大小在 0.5~1.5cm 之间,晶形呈半自形至他形,此种花岗岩极易风化,风化至半风化层一般超过 30m,其早期与泥盆纪、石炭纪地层呈侵入接触关系,可在开挖区韧性剪切带下盘中发现上述地层的捕房体,捕房体大小 3m×4m,伸展型韧性剪切带即发育于此期花岗岩顶部。另一种花岗岩为细粒钾长花岗岩,长石、石英颗粒大小 0.1~0.4cm,呈岩株、岩枝状侵入于斑状花岗岩中,抗风化作用强于斑状花岗岩,风化后呈肉红色黏土,认为它为同伸展期侵入的后造山花岗岩(图 8.29)。

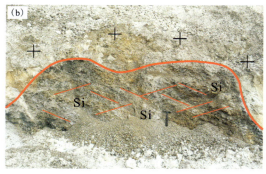

图 8.29 侵入的细粒钾长花岗岩(a)(镜向北东)和斑状花岗岩内地层捕房体产出部位(b)(镜向南)

推覆构造内侵入大量同伸展期的花岗岩岩墙,走向与推覆构造相切,切穿底部地层及滑脱面,顺层间张裂脉侵入,最宽可达数十米,产状几乎直立,边界十分完整。该岩墙为推覆构造结束后区域拉张作用在该地形成大量张破裂,晚期岩浆活动侵入(图 8.30)。

图 8.30 产状近直立的花岗岩(a)(镜向南西)和斑状花岗岩内地层捕房体产出部位(b)(镜向北东)

具一定规模的基性喷发作用和区域性基性岩墙群,普遍认为是在区域伸展中发生的。浦北岩体内部发现长、宽接近百米的基性岩墙,是靠岩体内北东向断裂部位喷出的,地表形态呈椭圆形,表现为大量节理切割岩墙,以脆性变形为主(图8.31)。

图8.31　发育多组十字交叉节理的基性岩墙(a)(镜向北西)和风化程度较高的基性岩露头(b)(镜向南西)

第四节　灵山震区三维地质模型与构造演化序列

一、灵山震区大地电磁剖面的构造解释

1. 灵山断裂带深部高角度低阻带

根据 L8(檀圩段)、L1(平山段)测线二维反演获得的深部电性结构图像,发现在灵山断裂带平山至檀圩一线的深部,存在一个宽 2~3km 近于直立的低阻带,往两侧渐趋为高阻体,其异常边界清晰,呈对称结构。低阻带往下深达地幔。低阻异常带往南清晰,往北东渐趋模糊,直至消失(图8.32)。

构造解释:①此低阻异常带为灵山断裂带在深部构造的电性反映,表明灵山断裂带是一条切穿整个岩石圈的深大断裂,由于灵山断裂带两侧地块的深部电性结构完全异样,说明两侧地块属于不同的大地构造单元,因此,结合区域资料不难看出,灵山断裂带是一条具有板缘性质的断裂,也就是说,灵山断裂带应是华夏板块与扬子板块在广西东南部的分界断裂带。②此低阻异常带为直立的,表明两侧块体的运动性质为走滑,即灵山断裂带为逆-平移断裂带,说明华夏板块与扬子板块在广西的拼合为斜向碰撞。③此低阻异常体往北东逐渐模糊直至消失,主要原因是有两方面:一方面灵山县城以北沿断裂带有印支期花岗岩体侵入,特别是寨圩断裂以北,沿断裂带侵入大量印支期花岗岩体;另一方面灵山县城以北发育罗阳山逆冲推覆构造,以致灵山断裂带在浅表被罗阳山逆冲推覆构造截切,两者构成"立交桥"式结构(图8.33)。

2. 灵山罗阳山深部区域性铲式滑脱带

L1(平山段)、L6(寨圩段)、L9(城隍段)测线二维反演获得的深部电性结构图像显示,大

第八章　深浅构造耦合作用及地球动力学研究

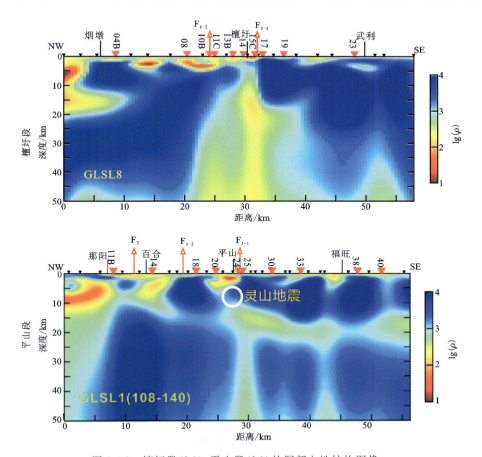

图 8.32　檀圩段(L8)、平山段(L1)的深部电性结构图像

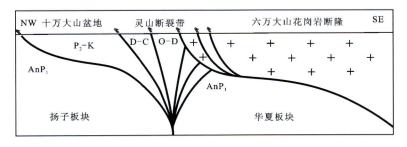

图 8.33　灵山地震区"立交桥"式构造剖面简图

致沿 F_{1-1} 断裂位置的深部存在宽 1~2km 的高角度低阻带,往下至 10km 处开始向东南缓倾,于 20km 处产状近于水平,整体呈铲式结构,而 L8(檀圩段)则未见上述电性结构(图 8.34)。

构造解释:①此低阻带组成的铲式电性结构图像表明,灵山断裂带东南侧的大容山花岗岩岩基之下存在区域性滑脱带,其由南东向北西方向的逆冲推覆非常明显,而推覆带前锋即在灵山罗阳山山前;②此铲式滑脱带往南渐趋模糊而消失,表明灵山断裂带从新圩往南西,其走滑变形剪切分量占主导,而往北东则挤压变形分量占主导。

175

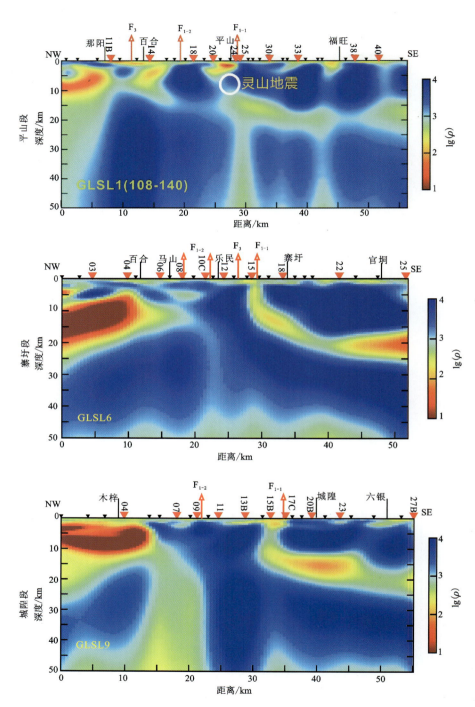

图 8.34 平山段(L1)、寨圩段(L6)、城隍段(L9)的深部电性结构图像

3. 灵山断裂带两侧地壳的电性结构及其构造解释

根据 L9、L6、L1、L8 测线二维反演获得的深部电性结构图像,灵山断裂带西侧块体十万大山盆地的深部存在一个极低阻异常带,异常带向西缓倾,倾角 10°,具台阶结构,上台阶深度在 8km 左右,下台阶深度在 12km 左右。异常带厚 3～5km,中间电阻率最低,往上、下逐渐升高。东侧块体六万大山断隆深部存在一个铲式低阻异常带。从形态上看,东、西两侧块体深部以灵山断裂带为界形成一个"八"字形对冲型滑脱构造体系。

构造解释:①灵山断裂带西侧十万大山盆地地壳电性具多层结构,其中最明显的是在中地壳(8～12km)深部存在一个台阶式滑脱带,它可能是十万大山盆地前寒武纪基底中存在的一个大型韧性剪切带,其往北增强,往南减弱,与六万大山深部的铲式滑脱带呈对冲构型,而且其现今活动性明显强于六万大山深部的滑脱构造;②十万大山盆地(属扬子板块)的地壳具"三明治"结构,其从上往下为中生代前陆盆地沉积物→古生代沉积物→前寒武纪结晶基底→韧性滑脱带→重熔花岗岩→莫霍面;③六万大山断隆(属华夏板块)的地壳结构简单,呈二元结构,上部为巨厚花岗岩岩席,下部为韧性流层,或上部为古生代沉积体,下部为重熔花岗岩体;④L6 电性剖面显示,在逆冲推覆阶段,六万大山推覆体存在深、浅两个推覆层次,深层次约在 15km 处,其向西错移灵山断裂带,浅层次则为灵山罗阳山推覆构造;⑤目前六万大山滑脱带的活动性明显低于灵山断裂带及十万大山深部滑脱带。

二、灵山震区构造演化序列研究

通过震区构造解析得出的最新认识,并结合前人研究成果,我们将灵山的构造演化序列从早到晚划分为以下七大阶段。

1. 古生代继承性裂陷阶段(D1)

当加里东构造运动发生时,华南裂陷槽整体褶皱回返,晚古生代地层不整合覆于前泥盆纪地层之上,而唯独震区及所在的钦防地区及往北东方向延长的一块狭长的北东向谷地仍处于局部拉张环境,以至泥盆纪、石炭纪及早二叠世地层与下伏早古生代地层为连续沉积,此狭长张裂性谷地被称为"钦州海西残余地槽",或认为是古特提斯海在广西的遗存。我们认为,它是在已经拼合的华南板块基础上重新张裂的海西期板内裂陷槽,是扬子板块与华夏板块在广西东南部的陆间裂陷槽,为古特提斯海的一部分。

2. 东吴褶皱回返期(D2)——造山Ⅰ期

在晚二叠世,该地槽开始褶皱回返,在震区北西部沉积了一套很厚的晚二叠世类磨拉石建造,并在褶皱带内有大量的晚海西期花岗岩侵入,此标志着该裂陷槽开始关闭,我们称之为造山Ⅰ期,即初始期。

3. 正花状断裂带构造期(D3)——造山Ⅱ期

由于区域强烈褶皱,该地槽在印支期开始转入断裂构造阶段,华夏板块与扬子板块沿灵山深大断裂产生斜向碰撞,此阶段北东向断裂构造发育,浅表形成正花状断裂系,深部形成宽大的直立走滑型韧性剪切带,它们是华夏板块与扬子板块斜向碰撞的直接证据。由于断裂带两侧形成对称的背冲断裂,两侧形成双前陆盆地,除西侧十万大山前陆盆地目前尚保存外,东侧的六万大山前陆盆地随着后期六万大山逆冲推覆及花岗岩隆升而遭到构造剥蚀,以致完全消失,但钦灵断裂带东南部还遗存有少量中—晚三叠世及侏罗纪沉积,说明当时六万大山在隆起之前,极可能如十万大山一样,为钦灵板内造山带东侧的前陆盆地。伴随此构造期有大量印支期花岗岩沿钦灵断裂带侵入。

4. 逆冲推覆构造期(D4)——造山Ⅲ期

随着华夏板块与扬子板块斜向碰撞的持续,在灵山罗阳山一带,灵山断裂带因弯曲而走滑剪切受阻,并转化为以压缩应变占主导的挤压变形,六万大山深层次的韧性滑脱构造由南东向北西方向逆冲推覆,其前锋在灵山罗阳山山前形成逆冲推覆构造,并与灵山正花状断裂构造系构成"立交桥"式结构,印支期花岗岩转入了逆冲推覆构造,其中发育推覆型韧性剪切带。寨圩北西向右旋韧性走滑剪切带即是罗阳山逆冲推覆构造北界的调节断层。与此同时,钦灵板内造山带南东侧前陆盆地萎缩消失,而南西侧十万大山盆地则更加发育。此阶段为钦灵板内造山带主期,其间造山带地壳增厚,山脉隆升。

5. 伸展拆离构造期(D5)——后造山期

一般造山带在碰撞后几十个百万年之内就会发生后造山伸展垮塌,上地幔上涌产生底侵作用,花岗岩侵入,山根逐渐消失,浅表形成低角度拆离断层与变质核杂岩。在乐民开发区花岗岩顶部发育的低角度韧性剪切带,即是目前在震区发现的唯一出露的伸展型韧性剪切带,其以拆离断层与泥盆系接触。沿灵山断裂带侵入的细粒钾长花岗岩岩株和侵入于罗阳山逆冲推覆断层下盘及韧性剪切带中的高角度细粒钾长花岗岩岩墙,即是后造山伸展期同构造侵入的。

6. 燕山期继承性构造期(D6)

由于太平洋板块由南东向北西向欧亚板块俯冲,华南处于大陆边缘构造-岩浆作用活动期,虽然燕山期岩浆作用在钦灵地区比较微弱,但断裂作用依然明显,主要表现为灵山断裂带持续产生左旋平-逆断作用,六万大山花岗岩断隆持续隆升,十万大山前陆盆地继续发育。灵山正花状断裂系、罗阳山逆冲推覆构造及乐民伸展型韧性剪切带皆叠加了此期构造,但主要表现为脆性变形。

7. 新构造活动期(D7)

钦灵板内造山带毗邻三大活动构造带,北西部毗邻喜马拉雅造山带活动构造带,南东部毗邻西太平洋大陆边缘活动构造带,南部毗邻 Song Ma 造山带活动构造带。由于三大构造带新构造运动仍十分活跃,其构造活动性必定影响到钦灵板内造山带,因此钦灵板内造山带的新构造运动十分复杂。根据构造解析,并结合震区地球物理剖面,可以得到如下认识:①灵山断裂带深部断裂电性异常带仍十分明显,表明断裂仍处于以走滑作用为主的活跃期;②现今十万大山盆地深部的韧性剪切带的活动性明显强于六万大山深部的韧性剪切带;③结合地表构造及第四纪沉积物的分布特征,灵山断裂带处于右旋走滑拉张期,局部地段如灵山至陆屋一段具有拉分盆地的性质;④由于乐民伸展型韧性剪切带局部叠加的晚期脆性断裂面上发育断层泥及新鲜擦痕,可能指示钦灵板内造山带伸展作用仍具有一定程度的活动性;⑤造成灵山震区两个最活跃的构造因素是灵山走滑断裂的复活及西南侧地块由北西向南东的构造挤压,其构造应力通过深部的韧性剪切带消耗后,一部分传导并集中分布在灵山平山至寨圩一带的深部(约10km深处)的花岗岩体脆性域中,这可能是灵山断裂带频发地震的原因。

三、灵山震区三维地质模型建立

灵山深浅部构造所显示的复杂构造样式及几何学特征(图8.35),具有"立交桥"式三维结构的运动学特征,是灵山地区历经长期演化叠加,在古今所处的大地构造环境中所形成的构造特点之一。

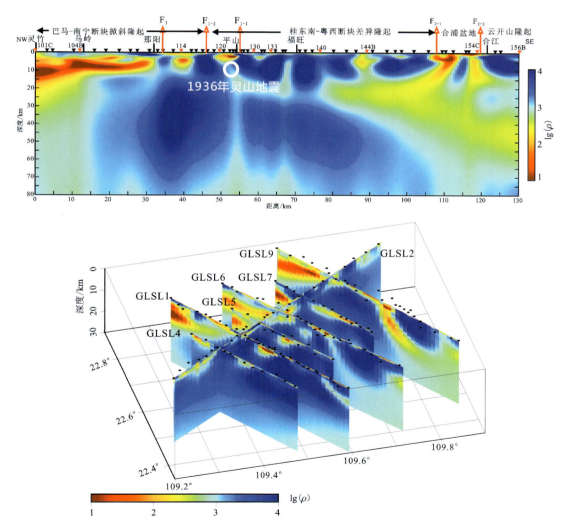

图8.35　广西钦灵板内造山带深部电性结构二维、三维剖面图

(1)灵山地区印支运动晚期,受扬子、华夏板块近南北向强烈挤压作用的影响,由多条压扭性质的分支断层组合形成的走向北东—北东东巨型走滑构造,于地表表现为典型的正花状构造,形成了与灵山断裂带展布一致的十万大山-大容山花岗岩带的雏形,均为扬子板块斜向碰撞这一地球动力学环境下产生转换压缩(即压剪)变形场下的产物,导致组成钦灵板内造山带物质垂直造山带延长方向的缩短和平行造山带方向的侧向流动。其作为钦灵板内造山带最经典、最早且规模最大的一期活动,构成钦灵板内造山带"立交桥"结构内十分醒目的深层次垂直流变标志层(图8.36)。

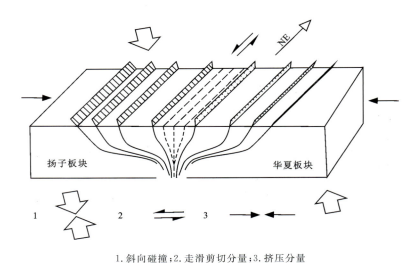

1.斜向碰撞;2.走滑剪切分量;3.挤压分量

图8.36 解释钦灵板内造山带正花状构造的地球动力学模型

(2)随后钦灵板内造山带内发生推覆构造,从岩体深部近水平的韧性滑脱面至地表发育的叠瓦式推覆断层系,叠加于钦灵板内造山带巨型走滑构造之上,二者由于运动方向近垂直相交且受统一南东-北西向挤压应力场的控制。而从深部电性结构剖面所显示的特征来看,由推覆构造形成的岩体底部近水平低阻的具有地壳深部流变性质的韧性滑脱层和与推覆构造走向垂直的具有切穿莫霍面能力的近直立的韧性剪切带,具有同样的性质,即二者相互交错且保留了彼此的活动特征,在两种不同的应力场下叠加构成钦灵板内造山带特殊的三维结构"立交桥"式动力学模型(图8.37)。

(3)在地质历史时期中,华南地区的主要构造格局曾是"两陆夹一槽",即扬子板块、华夏板块以及夹在两者之间的钦杭结合带(钦防海槽),发育在钦杭结合带内的钦灵板内造山带在经历过扬子、华夏两大板块间碰撞挤压的构造背景后,转换为伸展拉张的构造背景,在钦灵板内造山带北端推覆构造边部与北西向走滑断裂带相交处发育花岗岩顶部拆离断层带、伸展型剪切带及小型变质核杂岩,发育的特点为构造剥蚀程度较低,伸展距离较小,这一期构造运动在区域上正是古亚洲和特提斯动力体系(主压应力轴为近南北向)向古太平洋和今太平洋动力体系(主压应力轴为北东—南西向)转变的体现,而燕山期内太平洋俯冲方向的多次变更以及该区域燕山期岩浆活动出露亦呈现出一定的相关性。太平洋俯冲的开始意味

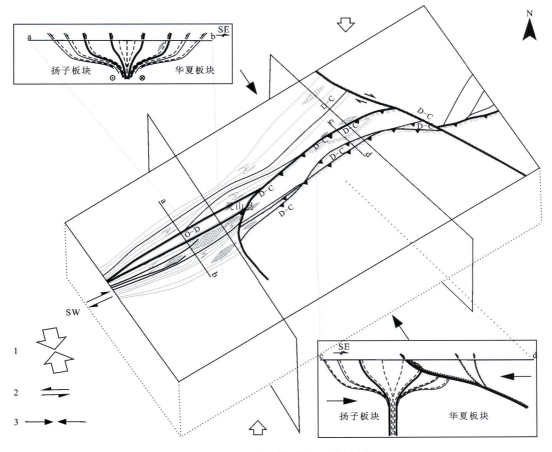

1.斜向碰撞;2.走滑剪切分量;3.挤压分量
图 8.37 解释钦灵板内造山带推覆构造的地球动力学模型

着华南区域挤压活动的尾声,而多次转换俯冲方位则对远达上千千米的广西境内造山带活动的影响较东南沿海区域少之又少,仅体现为如马山杂岩体及本次发现的伸展构造等一系列小规模的影响,并未产生大规模地壳减薄及岩浆喷出的构造现象(图 8.38)。

(4)前人研究及野外调查表明,灵山地区在燕山早中期仍以主压应力轴方向为北西-南东、北西西-南东东和主张应力轴北东-南西、北北东-南南西的构造应力场,但野外调查的断裂皆以脆性变形为主,挤压作用持续减弱,构造-热液活动不甚发育。随后燕山晚期,区域构造应力场的主压应力轴方向为北东-南西和北东东-南西西向乃至近东西向,主张应力轴是北西-南东和北北西-南南东向,二者存在很大不同,野外调查显示为北西向断裂加强活动,切割错断北东向断裂,具一定韧性变形特征,褶皱形成方向明显改变(北东—北东东→北西—北西西)。

(5)灵山震区的发震机制亦与灵山断裂复杂的构造活动有关。灵山地区新生代以来受喜马拉雅运动影响,区域上主压应力方向为近东西向,北东向构造活动再次增强。新构造运

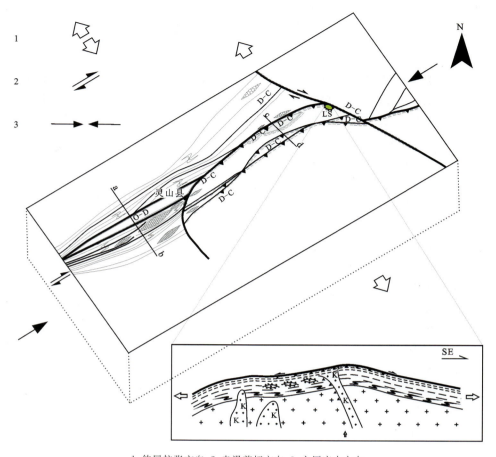

1.伸展拉张方向；2.走滑剪切方向；3.主压应力方向

图 8.38　解释钦灵板内造山带伸展构造的地球动力学模型

动在灵山县城表现为区域掀斜运动，构造抬升显著，形成明显的地貌反差，两侧岩体正地形及中央北东—北东东向负地形，且冲洪积扇有一定的变形。灵山断裂带构造复活，并叠加形成北西向平移-正断层，它们作为盆地短边，与作为盆地长边的北东向主走滑断层共同作用，形成了灵山县城地区第四纪北东向走滑拉分盆地。宏观地貌上表现为灵山断裂带中间夹持的第四系为负地形，而两侧花岗岩形成正地形。第四纪拉分盆地形成以后，其两侧主断裂的走滑作用并未停止而是持续作用，导致构造应力在拉分盆地的走滑边界地带集中，并以构造地震的形式释放能量，典型的地震遗迹有地震地表破裂带、地震角砾岩、地震楔等，此为广西近代以来在灵山断裂带上的最大地震——1936 年灵山 6¾ 级地震发生的构造原因。

第五节　本章小结

（1）经过对震区一系列北西向剖面与深部结构的构造解析，认为灵山断裂带为逆-平移深大断裂带，以左旋走滑为主。断裂带平面上表现为分支复合的断裂束，两侧由断裂夹持的地层为强变形岩片，中央部分为由泥岩、泥灰岩、泥质粉砂岩等岩性组成的强烈面理置换的挤出构造透镜体，其间随断裂带出露地表的韧性剪切带变形从两侧向中央逐渐增强。剖面上分为浅部背冲形式的叠瓦式逆冲断裂双向变形带与深部的近直立韧性滑脱带，为典型的造山带内正花状构造。

（2）经过在灵山震区进行大比例尺构造填图所得成果，钦灵板内造山带于罗阳山前发育叠瓦式推覆构造，推覆方向南东-北西向，表现为由一条主推覆断层、两条次级推覆断层与两侧围限的走滑断层构成的弧形逆冲推覆构造。外来系统为推覆构造期形成的花岗岩经由推覆型韧性剪切带、推覆断层组成的滑动系统推覆至强烈褶皱劈理化的泥盆纪—石炭纪地层之上，推覆型韧性剪切带变形从与外来系统接触部位至原地系统之上逐渐增强，特殊的地方在于剪切带内大量流体物质参与活动以及后期脆性变形改造使滑动系统内发育厚十余米的含碳质碎裂岩带。在推覆构造发育采场还发现后伸展期侵入的花岗岩岩墙。

（3）首次发现钦灵板内造山带后造山期伸展构造，构造样式为小型变质核杂岩，主体为与上泥盆统接触的斑状花岗岩顶部的厚100余米的韧性剪切带，变形由底部至顶部逐渐增强。底部构造剥蚀细粒钾长花岗岩岩株及岩脉，为同构造期侵入的后造山花岗岩。顶部与上泥盆统接触的低角度断层为伸展拆离断层。

（4）根据灵山震区深浅部构造耦合关系，建立钦灵板内造山带地球动力学模型，揭示钦灵板内造山带所具有的特殊三维"立交桥"式几何学和运动学结构，表现为深部最新的结构状态为仍然持续活动的灵山深大断裂带，而浅部为与灵山深大断裂带运动方向垂直的近水平韧性滑脱带，为古构造主导的活动层，二者叠加构成灵山震区上下不协调但整体统一的三维结构。

（5）在深浅部构造耦合研究及地球动力学基础上，对灵山区域大地构造背景进行了较为详尽的研究，建立了钦灵板内造山带构造演化序列，恢复扬子与华夏板块于灵山深大断裂部位碰撞拼合史，得出灵山震区不仅是华南沿海地震带内陆地区自有地震记载以来发生的最大地震的发生地，而且是华南板块内历史时期中碰撞拼合带重要区段的结论。

结　语

一、主要结论

在项目组成员共同努力下，历经 6 年，采用遥感影像解译、地震地质调查、地球物理勘探、槽探、年代学测试等方法和手段，基本上查明了灵山震区活动断层和地震地表破裂展布情况，项目研究取得的突破性研究进展，为华南活动断层研究起到了示范作用，并得出如下主要结论：

（1）首次发现灵山 1936 年 6¾ 级地震地表破裂带，使得华南地震地表破裂带研究取得了突破性的进展。该地震地表破裂带沿罗阳山北麓山前灵山断裂北段发育，分东、西两支，走向 55°～60°，平面上呈斜列式展布，全长约 12.5km。最大水平位移量和垂直位移量分别为 2.9m 和 1.02m。地表破裂类型主要有地震断层、地震陡坎、地震裂缝、地震崩积楔、地震滑坡、砂土液化等。

（2）高塘-六蒙地表破裂带沿灵山断裂北段的鸭儿塘-山鸡麓断层发育，结合槽探、年代学等手段，查明该断裂自晚更新世以来活动明显，对沿线地貌的影响主要表现为右旋错移冲沟水系及河流阶地、冲洪积扇体变形、错断洪积台地并伴随形成陡坎等。

（3）采用遥感影像解译、地震地质调查、地球物理勘探、槽探及年代学测试等手段，查明了震中区主要断裂的几何学、运动学、年代学、活动性及最新活动时代，首次确定灵山断裂北段为全新世活动断裂。该断裂最新活动表现为右旋走滑兼正断的运动性质，右旋位移量大于垂直位移量，并计算出该断裂晚更新世（约 17 000a）以来水平位移速率为 1.27～1.54mm/a，垂直位移速率为 0.53～0.65mm/a；全新世（约 2360a）以来水平位移速率为 1.21～1.63mm/a，垂直位移速率为 0.53mm/a。

（4）通过槽探、年代学等研究，确定广西 1936 年灵山 6¾ 级地震所处的灵山断裂北段从距今 40 000a 以来至少发生过 4 次较强地震事件，其中 3 次为古地震事件，1 次为历史地震事件（即 1936 年 6¾ 级地震），各地震事件标志较为清晰，分别发生在距今约 >36 300a、25 000a、13 090a、80a，并利用古地震法估算了该断裂的复发间隔为 12 073a，填补了华南古地震研究的空白。

（5）通过对灵山震区深浅部构造的解析，首次发现灵山震区存在三大套构造：正花状构造（逆-平移深大断裂带——灵山断裂带）、逆冲推覆构造（罗阳山山前逆冲推覆构造）、伸展滑覆构造，其中正花状构造平面上表现为分支复合，剖面上为正花状的断裂束；逆冲推覆构造为一套由南东向北西逆冲的、由主干低角度逆冲断层及其上一系列分支高角度逆冲断层共同组成的叠瓦状逆冲推覆构造系。确立钦灵造山带为板内造山带，建立了罗阳山山前逆冲推覆构造叠加于逆-平移深大正花状断裂带之上的三维"立交桥"式动力学模型。深浅构造耦合作用对浅表地质地貌的影响主要表现为对地层和岩浆岩、断裂构造、新构造变形等的影响。三维数值模拟结果表明，最大主压应力主要集中分布于桂东南北东向和北西向断裂带内及其交会部位，其中灵山地区为最高值分布区域。深浅构造耦合作用在灵山震区及附近中强地震的活动主要表现在对第四纪活动断裂、地震空间分布、地震频度和强度、震源机制和发震构造等方面的影响。

二、存在的问题及不足

活动断层研究和发震构造探测是一个具有科研性质的课题，有较强的科学性和探索性。在研究过程中还存在如下一些问题，需要在今后的工作中加以重视，予以改进。

（1）灵山震区地处我国华南沿海地区，雨水较多，对地震遗迹破坏较严重，这势必会导致在研究地震地表破裂带长度、位移等参数时容易出现偏差。或者由于雨水或人为因素的影响，对不是地表破裂带的部位做出错误的判断，而忽略真实的地表破裂带。

（2）由于气候等影响，不同区域第四纪地层变化较大，甚至同一地点相隔很近的区域第四纪地层都不尽相同，这给古地震事件及断层活动性等研究带来很多困难。在土层中往往不易找到确切的断层错动面，仅根据土层的一些特征变化，往往难以识别出正确的古地震事件。在采集年龄样品时，较难采集到未被后期雨水等影响的合适样品。若没有较好的年龄样品作为支撑，仅根据地质地貌资料判别断层的活动性还是存在一些不足。

（3）华南地区由于气候湿润，植被茂盛，断裂最新错断地貌不易保存或难于观察，需要进一步探索室内高精度航片、卫片解译结合野外实地构造地貌调查的适用方法。由于植被覆盖严重，需要探索以较低成本快速获得剔除植被影响的高精度地貌图的方法，另外还需剔除后期风化作用和人工改造对错断地貌的影响，以提高后期野外调查的目的性、方向性、准确性和调查效率。

主要参考文献

安艳芬,韩竹军,董绍鹏,等,2010.汶川 M_S 8.0 地震中央断裂东北端地表破裂特征及其构造含义[J].地震地质,32(1):1-15.

陈恩民,黄咏茵,1984.华南十九次强震暨南海北部陆缘地震带概述[J].华南地震(1):11-32.

陈国达,1938.民国二五年四月一日广东灵山地震记略[J].地质评论(4):427-447.

陈国达,1939.广东灵山地震志[J].两广地质调查所特刊第十七号(17):1-100.

陈立春,王虎,冉勇康,等,2010.玉树 M_S 7.1 地震地表破裂与历史大地震[J].科学通报,55(13):1200-1205.

邓起东,闻学泽,2008.活动构造研究:历史、进展与建议[J].地震地质,30(1):1-30.

邓起东,张培震,冉勇康,等,2002.中国活动构造基本特征[J].中国科学(D辑:地球科学),32(12):1020-1030.

丁汝鑫,邹和平,劳妙姬,等,2015.钦-杭结合带南段韧性剪切带印支期活动记录:以防城-灵山断裂带为例[J].地学前缘,22(2):79-85.

董瑞树,周庆,陈晓利,等,2009.1631年湖南省常德地震的再考证[J].地震地质(1):162-173.

董彦芳,袁小祥,王晓青,等,2012.2010年青海玉树 M_S 7.1 地震地表破裂特征的高分辨率遥感分析[J].地震,32(1):82-92.

付碧宏,时丕龙,张之武,2008.四川汶川 M_S 8.0 大地震地表破裂带的遥感影像解析[J].地质学报,82(12):1679-1687.

广西地震局历史地震小组,1982.广西地震志[M].南宁:广西人民出版社.

郭培兰,李保昆,周斌,等,2017.1936年4月1日广西灵山县东北 6¾ 级地震震源参数测定[J].地质学报,39(6):870-879.

郭培兰,李保昆,周斌,等,2017.1936年4月1日广西灵山县东北 M 6¾ 地震震源参数测定[J].地震学报,39(6):870-879.

国家地震局《中国岩石圈动力学地图集》编委会,1989.中国岩石圈动力学地图集[M].北京:中国地图出版社.

国家地震局全国地震烈度区划编图组,1979.中国地震等烈度线图集[M].北京:地震出版社.

国家重大科学工程"中国地壳运动观测网络"项目组,2008.GPS测定的2008年汶川 M_S 8.0 级地震的同震位移场[J].中国科学(D辑:地球科学)(10):1195-1206.

主要参考文献

何宏林,孙昭民,王世元,等,2008.汶川M_S8.0地震地表破裂带[J].地震地质(2):359-362.

何军,刘怀庆,黎清华,等,2012.广西防城-灵山断裂带北东支灵山段活动性初探[J].华南地质与矿产,28(5):71-78.

黄河生,任镇寰,杨廉法,1990.广西灵山地区断裂活动性与土壤中汞气含量变化[J].华南地震,10(1):42-49.

黄玉昆,邓海田,张珂,1992.桂东南地区灵山和合浦两断裂带活动性的初步研究[J].中山大学学报论丛,1(1):52-63.

冀战波,赵翠萍,王琼,等,2014.2008年3月21日新疆于田M_S7.3地震破裂过程研究[J].地震学报(3):339-349.

江娃利,侯治华,谢新生,2001.北京平原南口-孙河断裂带昌平旧县探槽古地震事件研究[J].中国科学(D辑:地球科学),31(6):501-509.

蒋维强,任镇寰,1990.灵山地区地震活动性及构造应力场[J].华南地震(2):35-41.

李冰溆,李细光,潘黎黎,等,2018.1936年广西灵山M6¾地震参数讨论[J].地震学报,40(2):132-142.

李海兵,付小方,VAN DER WOERD J,等,2008.汶川地震(M_S8.0)地表破裂及其同震右旋斜向逆冲作用[J].地质学报,82(12):1623-1643.

李海兵,戚学祥,朱迎堂,等,2004.2001年东昆仑地震(M_S=8.1)不对称的同震地表破裂构造:单侧块体运动为主及青藏高原内部物质向东滑移的证据[J].地质学报,78(5):633-640.

李海兵,孙知明,潘家伟,等,2014.2014年于田M_S7.3地震野外调查:特殊的地表破裂带[J].地球学报,35(3):391-394.

李海兵,王宗秀,付小方,等,2008.2008年5月12日汶川地震(M_S8.0)地表破裂带的分布特征[J].中国地质(5):803-813.

李海兵,许志琴,王焕,等,2013.汶川地震主滑移带(PSZ):映秀-北川断裂带内的斜切逆冲断裂,1960.[J].中国地质,40(1):121-139.

李善邦,1960.中国地震目录[M].北京:科学出版社.

李善邦,1960.中国地震目录第一集[M].北京:科学出版社.

李帅,潘黎黎,李冰溆,等,2018.广西灵山断裂北段晚更新世以来地质地貌特征[J].地质科技情报,37(2):65-70.

李伟琦,1989.广西新构造分区特征及其与地震的关系[J].华南地震(4):22-26.

李伟琦,1992.1936年灵山6¾级地震极震区烈度分布及发震构造[J].华南地震,12(3):46-51.

李文巧,陈杰,袁兆德,等,2011.帕米尔高原1895年塔什库尔干地震地表多段同震破裂与发震构造[J].地震地质(2):260-276.

李西,徐锡伟,张建国,等,2018.鲁甸M_S6.5地震发震断层地表破裂特征、相关古地震的发现和年代测定[J].地学前缘,25(1):13.

李细光,李冰溆,潘黎黎,等,2017a.广西灵山1936年6¾级地震地表破裂带新发现[J].地震地质,39(4):689-698.

李细光,潘黎黎,李冰溯,等,2017b.广西灵山1936年6¾级地震地表破裂类型与位错特征[J].地震地质,39(5):904-916.

李细光,潘黎黎,李冰溯,等,2018.广西灵山断裂北段古地震事件初步研究[J].地学前缘,25(4):268-275.

李细光,史水平,黄洋,等,2007.广西及其邻区现今构造应力场研究[J].地震研究(3):235-240,303.

李细光,严小敏,梁结,2009.南宁新生代软流圈上涌柱及其对浅表构造的影响[J].地学前缘,16(4):261-268.

李勇,周荣军,董顺利,等,2008.汶川地震的地表破裂与逆冲-走滑作用[J].成都理工大学学报(自然科学版)(4):404-413.

刘国栋,史书林,王宝均,1984.华北地区高导层及其地壳构造活动性的关系[J].中国科学(D辑:地球科学)(9):839-848.

刘国兴,韩凯,韩江涛,2012.华南东南沿海地区岩石圈电性结构[J].吉林大学学报(地球科学版),42(2):536-544.

刘静,张智慧,文力,等,2008.汶川8级大地震同震破裂的特殊性及构造意义:多条平行断裂同时活动的反序型逆冲地震事件[J].地质学报,82(12):1707-1722.

陆俊宏,何兴敦,梁结,等,2017.多种物探方法在断层探测中的工作思路与对比应用:以广西灵山地区活动断层探测为例[J].应用物理,7(6):184-193.

马保起,张世民,田勤俭,等,2008.汶川8.0级地震地表破裂带[J].第四纪研究(4):513-517.

马杏垣,1989.中国岩石圈动力学地图集[M].北京:中国地图出版社.

莫敬业,1990.广西通志·地震志[M].南宁:广西人民出版社.

莫敬业,游象照,吴时平,等,1990.广西通志·地震志[M].南宁:广西人民出版社.

聂宗笙,吴卫民,马保起,2010.公元849年内蒙古包头东地震地表破裂带及地震参数讨论[J].地震学报,32(1):94-107.

潘家伟,李海兵,吴富峣,等,2011.2010年玉树地震(M_S 7.1)地表破裂特征、破裂机制与破裂过程[J].岩石学报,27(11):3449-3459.

潘建雄,1992.以罗浮山-灵山断裂系为例论晚期地洼(山间洼地)之地震活动性及其类型[J].大地构造与成矿学(2):164-165.

潘建雄,1994.关于罗浮山-灵山近东西向断裂系活动性的初步研究[M]//中国活动断层研究.北京:地震出版社.

潘建雄,黄日恒,1995.广西灵山地区的窗棂脊构造[J].华南地震(4):61-65.

庞衍军,叶维强,黎广钊,等,1987.广西新构造运动的一些特征[J].广西地质(1):49-56.

屈春燕,宋小刚,张桂芳,等,2008.汶川M_S 8.0地震InSAR同震形变场特征分析[J].地震地质,30(4):1076-1084.

冉勇康,陈立春,沈军,等,2007.乌鲁木齐西山断裂组与地表破裂型逆断层古地震识别标志[J].地震地质,29(2):218-235.

冉勇康,邓起东,杨晓平,等,1997.1679年三河-平谷8级地震发震断层的古地震及其重复间隔[J].地震地质,19(3):2–10.

冉勇康,李彦宝,杜鹏,等,2014(a).中国大陆古地震研究的关键技术与案例解析(3):正断层破裂特征、环境影响与古地震识别[J].地震地质,36(2):287–301.

冉勇康,王虎,杨会丽,等,2014(b).中国大陆古地震研究的关键技术与案例解析(4):古地震定年技术的样品采集和事件年代分析[J].地震地质,36(4):939–955.

冉勇康,史翔,王虎,等,2010.汶川 M_S 8 地震最大地表同震垂直位移量及其地表变形样式[J].科学通报,55(2):154–162.

冉勇康,王虎,李彦宝,2015.中国大陆古地震研究的关键技术与案例解析(5):断层隐形、尖灭与年轻事件识别[J].地震地质,37(2):343–356.

冉勇康,王虎,李彦宝,等,2012.中国大陆古地震研究的关键技术与案例解析(1):走滑活动断裂的探槽地点、布设与事件识别标志[J].地震地质,34(2):197–210.

冉勇康,张培震,陈立春,2003.河套断陷带大青山山前断裂晚第四纪古地震完整性研究[J].地学前缘,10(S1):207–216.

任镇寰,1996.1936年广西灵山6¾级地震极震区主要震害类型及其成因[C]//中国地震学会第六次学术大会论文摘要集.

任镇寰,杨廉法,邓业权,1996.1936年广西灵山6¾级地震极震区震害和地震影响场研究[J].中国地震,12(1):83–92.

茹锦文,黄瑞照,1985.灵山地震发震机制及邻区区域稳定性评价[J].华南地震(3):41–50.

单新建,李建华,马超,2005.昆仑山口西 M_S 8.1 级地震地表破裂带高分辨率卫星影像特征研究[J].地球物理学报,48(2):321–326.

沈得秀,2007.华南地区中强地震发震构造的判别及其工程应用研究[D].北京:中国地震局地质研究所.

沈得秀,周本刚,2006.华南地区中强地震重复特征初步分析[J].震灾防御技术,1(3):251–260.

沈军,薄景山,于晓辉,等,2013.2013年4月20日芦山7.0级地震发震构造及地震地质灾害特点[J].防灾科技学院学报,15(3):1–8.

石峰,何宏林,魏占玉,2010.基于高分辨率卫星影像估算汶川地震同震水平缩短量:以白沙河段为例[J].地学前缘,17(5):67–74.

石峰,何宏林,张英,等,2010.青海玉树 M_S 7.1 地震地表破裂带的遥感影像解译[J].震灾防御技术(2):220–227.

史水平,李细光,2007.广西北海地区地震活动研究[J].山西地震(1):16–19.

宋方敏,李如成,徐锡伟,2002.四川大凉山断裂带古地震研究初步结果[J].地震地质,24(1):27–34.

宋方敏,袁道阳,陈桂华,等,2007.1125年兰州7级地震地表破裂类型及其分布特征[J].地震地质(4):834–844.

孙鑫喆,徐锡伟,陈立春,等,2010.青海玉树 M_S 7.1 地震两个典型地点的地表破裂特征[J].地震地质,32(2):338-344.

孙鑫喆,徐锡伟,陈立春,等,2012.2010 年玉树地震地表破裂带典型破裂样式及其构造意义[J].地球物理学报,55(1):155-170.

谭锡斌,袁仁茂,徐锡伟,等,2010.汶川地震擂鼓地区地表变形特征及其机制探讨[J].地学前缘,17(5):75-83.

谭锡斌,袁仁茂,徐锡伟,等,2013.汶川地震小鱼洞地区的地表破裂和同震位移及其机制讨论[J].地震地质,35(2):247-260.

唐茂云,刘静,邵延秀,等,2015.中小震级事件产生地表破裂的震例分析[J].地震地质(4):1193-1214.

唐永,刘怀庆,黎清华,等,2015.广西灵山断裂带构造应力场地质分析及活动性预测[J].大地构造与成矿学,39(1):62-75.

田勤俭,任治坤,张军龙,2008.则木河断裂带大箐梁子附近古地震组合探槽研究[J].地震地质,30(2):400-411.

王椿镛,王贵美,林中洋,等,1993.用深地震反射方法研究邢台地震区地壳细结构[J],地球物理学报(36):410-415.

魏占玉,石峰,高翔,等,2010.汶川地震地表破裂面形貌特征[J].地学前缘,17(5):53-66.

吴富峣,李海兵,潘家伟,等,2011.2010 年青海玉树地震(M_S 7.1)同震地表破裂及其与山脉隆升的关系[J].地质通报,30(4):612-623.

吴根耀,李曰俊,2011.桂东南马山沿灵山断裂出露的印支期洋岛玄武岩及其区域构造意义[J].现代地质,25(4):682-691.

吴继远,1980.灵山断褶带地质构造基本特征及其大地构造性质的探讨[J].地质科学(2):125-133.

吴时平,龙安明,尹克坚,1987.广西地震活动性研究[J].华南地震(1):48-62.

吴卫民,李克,马保起,等,1995.大青山山前断裂带大型组合的全新世古地震研究[M].北京:地质出版社.

吴卫民,聂宗笙,许桂林,等,1996.色尔腾山山前断裂西段活断层研究[M].北京:地质出版社.

谢新生,江娃利,冯西英,2011.对 2008 年汶川 M_S 8.0 地震沿龙门山后山出现地表破裂现象的讨论[J].地震学报,33(1):62-81,122.

谢毓寿,蔡美彪,1985.中国地震历史资料汇编(第四卷上)[M].北京:科学出版社.

徐锡伟,陈文彬,于贵华,等,2002.2001 年 11 月 14 日昆仑山库赛湖地震(M_S 8.1)地表破裂带的基本特征[J].地震地质(1):1-13.

徐锡伟,孙鑫喆,谭锡斌,等,2012.富蕴断裂:低应变速率条件下断层滑动习性[J].地震地质,34(4):606-617.

徐锡伟,谭锡斌,吴国栋,等,2011.2008 年于田 M_S 7.3 地震地表破裂带特征及其构造属性讨论[J].地震地质(2):462-471.

徐锡伟,闻学泽,叶建青,等,2008.汶川 $M_S 8.0$ 地震地表破裂带及其发震构造[J].地震地质,(3):597-629.

徐锡伟,于贵华,马文涛,等,2002.活断层地震地表破裂"避让带"宽度确定依据与方法[J].地震地质,24(4):471-483.

杨晓平,冉勇康,胡博,等,2002.内蒙古色尔腾山山前断裂(乌句蒙口—东风村段)的断层活动与古地震事件[J].中国地震,18(2):9-22.

杨章,戈澍谟,1980.对1931年新疆富蕴地震断裂带及构造运动特征的初步认识[J].地震地质,(3):31-37.

叶文华,徐锡伟,汪良谋,1996.中国西部强震的地表破裂规模与震级、复发时间间隔关系的研究[J].地震地质,18(1):37-44.

易兵,曾昭发,薛建,等,2006.城市活断层探测中的地球物理方法及效果分析[C]//环境与工程地球物理国际会议.

尹克坚,1991.广西近期地壳垂直运动初探[J].地壳形变与地震,(4):86-90.

游象照,1982.广西活动性断裂的特征及其与地震的关系[J].华南地震,2(3):7-14.

游象照,1988.广西地震活动与地震地质特征[J].广西地质,(1):63-73.

游象照,秦火保,1989.广西地震构造[M]//马杏垣.中国岩石圈动力学地图集.北京:中国地图出版社:191-194.

于贵华,徐锡伟,KLINGER Y,等,2010.汶川 $M_W 7.9$ 地震同震断层陡坎类型与级联破裂模型[J].地学前缘,17(5):1-18.

张波,何文贵,方良好,等,2015.1936年甘肃康乐 $6\frac{3}{4}$ 级地震地表破裂带调查[J].地震研究,(2):262-271.

张国伟,郭安林,王岳军,等,2013.中国华南大陆构造与问题[J].中国科学(D辑:地球科学),43(10):1553-1582.

张继淹,2002.广西地质构造稳定性分析与评价[J].广西地质,(3):1-7.

张建毅,薄景山,李平,等,2010.玉树地震地表破裂对建筑物影响的分析[J].地震工程与工程振动,30(6):24-31.

张军龙,陈长云,胡朝忠,等,2010.玉树 $M_S 7.1$ 地震地表破裂带及其同震位移分布[J].地震,30(3):1-12.

张沛全,李冰溯,2012.最大有效力矩准则约束下的广西罗阳山地震、地质与地貌效应[J].地质力学学报,18(1):79-90.

张岳桥,1999.广西十万大山前陆冲断推覆构造[J].现代地质,13(2):150-156.

张之武,付碧宏,YASUO AWATA,等,2011.拉分盆地三维演化初探:以新疆富蕴断裂拉分盆地为例[J].地球学报,32(2):251-256.

赵俊香,任俊杰,于慎谔,等,2009.山西忻定盆地断层崩积楔 OSL 年龄及其对古地震事件的指示意义[J].现代地质,23(6):1022-1029.

中国地震局地质研究所,2006.广西白龙核电厂可行性研究地震安全性评价报告[R].北京:中国地震局地质研究所.

中国地震局震害防御司,1999. 中国近代地震目录(公元1912—1990年 $M_s \geqslant 4.7$)[M]. 北京:地震出版社.

钟新基,1981. 广西新构造运动的主要表现及构造应力场的分析[J]. 华南地震,(1):60-71.

钟贻军,任镇寰,2003. 1969年阳江6.4级地震发震构造研究[J]. 大地测量与地球动力学,(4):92-98.

周本刚,杨晓平,杜龙,2008. 广西防城-灵山断裂带活动性分段与潜在震源区划分研究[J]. 震灾防御技术,3(1):8-19.

周庆,徐锡伟,于贵华,等,2008. 汶川8.0级地震地表破裂带宽度调查[J]. 地震地质,(3):778-788.

周荣军,黄润秋,雷建成,等,2008. 四川汶川8.0级地震地表破裂与震害特点[J]. 岩石力学与工程学报,(11):2173-2183.

KLINGER Y,ETCHEBES M,TAPPONNIER P,et al.,2011. Characteristic slip for five great earthquakes along the Fuyun fault in China[J]. Nature Geoscience,4:389-392.